"十四五"职业教育国家规划教材

职业教育旅游大类系列教材·烹饪专业

U0128598

中式热菜制作技艺

浙江省教育厅职成教教研室◎组编

张建国◎主编　周文涌◎执行主编

北京师范大学出版集团
BEIJING NORMAL UNIVERSITY PUBLISHING GROUP
北京师范大学出版社

图书在版编目（CIP）数据

中式热菜制作技艺/周文涌执行主编. — 北京：北京师范大学出版社，2017.11（2024.8重印）

ISBN 978-7-303-22602-3

Ⅰ．①中… Ⅱ．①周… Ⅲ．①中式菜肴－烹饪－中等专业学校－教材 Ⅳ．①TS972.117

中国版本图书馆CIP数据核字（2017）第190484号

教材意见反馈： zhijiao@bnupg.com
营销中心电话： 010-58802755 58800035
编辑部电话： 010-58808077

出版发行：北京师范大学出版社 www.bnup.com
　　　　　北京西城区新街口外大街12-3号
　　　　　邮政编码：100088
印　　刷：天津市宝文印务有限公司
经　　销：全国新华书店
开　　本：889 mm×1194 mm　1/16
印　　张：17.75
字　　数：312千字
版　　次：2017年11月第1版
印　　次：2024年8月第11次印刷
定　　价：49.80元

策划编辑：易　新　　　　　责任编辑：易　新
美术编辑：焦　丽　　　　　装帧设计：华泰图文
责任校对：陈　民　　　　　责任印制：马　洁　赵　龙

浙江省中等职业教育中餐烹饪专业课程改革新教材编写委员会

主　　任：朱永祥　季　芳

副　主　任：吴贤平　程江平　崔　陵

委　　员：沈佳乐　许宝良　庞志康　张建国

　　　　　于丽娟　陈晓燕　俞佳飞

《中式热菜制作技艺》编写组

主　　编：张建国

执行主编：周文涌

编写人员：厉志光　杨　苗　杨正华　陈功年　赵琳琪

　　　　　张　波　杜碧锋　俞　强　裘海威　许益平

　　　　　孙伟民　潘　巍　唐林达　高国民　蔡成明

　　　　　洪晓勇　徐小林　胡志伟　白　杨　周建良

　　　　　朱成健　阮礼增　狄江波　陈志云　严冬祥

　　　　　方　勇　连红舟　孟学华

内容简介

　　本书是教育部职业教育与成人教育用书目录推荐教材、浙江省中等职业教育中餐烹饪专业课程改革新教材。

　　全书分为基础篇和风味篇两部分，共16个项目，编录了中等职业教育中餐烹饪专业常见实训菜肴63例，以及具有浙江风味特色的典型菜肴65例。本书积极推进文化自信自强，坚守中华文化立场，紧贴现代餐饮市场的变化发展，适应烹饪专业需求和人才培养时代步伐，以理实一体、菜品引领技能和知识的项目化教学指导思想，充分体现了现代中式热菜制作技艺的先进性、时代特征和行业特色，注重数字资源在烹饪技术学习中的训练与运用，文字简洁，步骤清晰，图文并茂，通俗易懂。

　　本书可作为中等职业教育中餐烹饪专业实习实训教材，也可作为岗位培训教材和烹饪爱好者的辅助读本。

前　言

　　中国烹饪（东方烹饪流派代表）、法国烹饪（西方烹饪流派代表）、土耳其烹饪（阿拉伯烹饪流派代表）是世界三大烹饪流派。中国烹饪起源于先民学会用火进行熟食时期，有着50多万年的历史。在漫长的烹饪发展史中，中国烹饪从无到有，从生吃到熟食，标志着人类从野蛮走向文明。在中国烹饪文化发展过程中，涌现出了许多有关烹饪理论、方法、技艺等的文献书籍，具有一套完整的食养理论体系，是中国人民伟大智慧的结晶。

　　中国有八大菜系，分别是鲁菜、川菜、粤菜、苏菜、闽菜、浙菜、湘菜、徽菜，本书以浙菜为主，也兼顾其他几个菜系的典型菜例。

　　中华优秀传统文化源远流长、博大精深，是中华文明的智慧结晶，民以食为天。作为服务行业的教材，本书在编写中贯彻习近平绿色发展理念，重视对生态环境的保护，重视人民的身体健康；特别是追求绿色生产生活方式的今天，强调以服务发展为宗旨，以促进就业为导向；突出"做中学"和"学中做"。通过对本书的学习，并在融媒体资源的帮助下，学生可以尽快掌握中式热菜的制作技艺，为职业生涯打下良好的基础。

　　浙菜是中国八大菜系之一，随着社会经济的繁荣和浙江省烹饪业的蓬勃发展，浙菜在烹饪工作者的共同努力下，达到了一种空前未有的新境界，烹饪技艺更臻完美，并且走向全国，形成燎原之势。为餐饮行业输送合格的高素质技术人才，培养更多高素质技术技能人才、能工巧匠，已成为职业学校的紧要任务。充分把中华优秀传统文化得到创造性转化、创新性发展。正是在这样的背景和机遇下，浙江省各中等职业学校中餐烹饪专业老师在浙江省教育厅职成教教研室的带领下，开发了中餐烹饪专业系列方向性课程和教材，旨在为浙江省中等职业教育课程改革探索新的思路和方法。同时也贯彻落实党的二十大会议重点提出的："要推进文化自信自强，提炼展示中华文明的精神标识和文化精髓，增强中华文明传播力影响力，铸就社会主义文化新辉煌。"，体现社会主义先进文化，传承中华文明。

　　《中式热菜制作技艺》分为基础篇和风味篇两部分，编录了浙江省中等职业教育中餐烹饪专业常见的基本实训菜肴63例，以及精心挖掘整理的可体现浙江地方风味特色的典型菜肴65例，体现了以全面素质培养为基础、以职业能力发展为主线的指导思想，采用综合化、项目化、理实一体化的编写思路，将专业技术的通用知识与技能有机整合起来，形成鲜明的中餐烹饪专业教学特色。

本书建议课时为346课时，其中必修186课时、选修160课时，具体课时分配如下表所示（供参考）。

项目	教学内容	建议课时	必修或选修
一	炒	48	必修
二	炸	45	必修
三	熘	21	必修
四	煮、烧、焖	21	必修
五	烩	21	必修
六	其他技法	30	必修
七	杭州风味	20	选修
八	绍兴风味	20	选修
九	宁波风味	20	选修
十	温州风味	20	选修
十一	嘉兴风味	20	选修
十二	湖州风味	20	选修
十三	金华风味	10	选修
十四	台州风味	10	选修
十五	丽水风味	10	选修
十六	舟山风味	10	选修

本书在编写过程中，得到了杭州市中等职业学校、杭州市西湖职业高级中学、杭州市萧山区第二中等职业学校、杭州市良渚职业高级中学、宁波市甬江职业高级中学、余姚市职成教中心学校、绍兴市职业教育中心、绍兴市柯桥区职业教育中心、上虞市职业中专、海宁市高级技工学校、温州华侨职业中等专业学校、上虞市职业中等专业学校、义乌市城镇职业技术学校、温岭市职业技术学校、临海市中等职业技术学校、丽水市职业高级中学、舟山市普陀区职业技术教育中心等浙江省各职业学校的支持和帮助，参阅了诸多专家、学者的相关文献，在此一并表示感谢。由于水平和篇幅限制，书中难免存在不足之处，恳请广大读者提出宝贵意见和建议。

编　者

目 录

第一部分　基础篇

第二部分　风味篇

第一部分　基础篇

项目一 炒

　　炒是基本的中式烹调技术之一，也是应用范围最大、分支较多的烹调方法。自汉魏六朝发明了以油作为介质的烹调方法，炒自然成为最普遍、最常用的烹调方法。袁枚的《随园食单》在"须知单"中详细记载了各类炒法的基本原理与质量标准，在326道菜品中约有1/4是与"炒"有关的。清嘉庆、同治年间的《调鼎集》，在1500多种菜品中，炒菜又占了相当篇幅。这说明炒在古代已相当普遍。

　　炒是将小型原料在热锅少量油中迅速翻拌、调味、勾芡直至成熟的一种烹调方法，主要以旺火速成，要求紧油包芡、光润饱满、清鲜软嫩、口味丰富。炒的种类很多，以原料性质区别分为生炒和熟炒，以色泽区别分为红炒和白炒，以技法区别分为滑炒、煸炒、软炒，以地方菜系区别还可分为清炒、爆炒、水炒等。

　　本项目重点介绍中餐烹调技法中最为常见的几种炒法及典型菜品，学生可从中感悟"食材、切配、技法、文化"合一的烹调理念，体验烹饪技能技巧中的奥妙之处，感受中式烹饪技艺的博大精深。

任务一　滑炒鸡丝

图1-1-1

♣ 原料组成

主料：鸡脯肉250克。
配料：青椒丝50克。
调料：蛋清适量，鲜汤适量，味精适量，盐3克，绍酒5克，湿淀粉15克。

◉ 制作步骤

①刀工成形。将鸡脯肉批成薄片，然后切成长6厘米的细丝。（图1-1-2）
②上浆。鸡丝加入2克盐、蛋清拌匀，再加入10克湿淀粉，轻轻上浆、上劲。（图1-1-3）

图1-1-2
图1-1-3

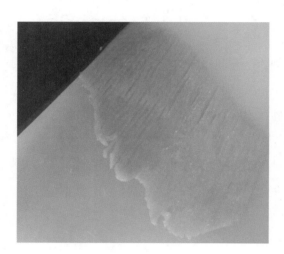 

③滑油。锅洗净，滑锅，加入色拉油，加热至两三成热，投入鸡丝划散，至转白断生捞出。（图1-1-4、图1-1-5）

图1-1-4
图1-1-5

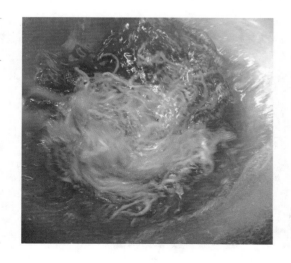 

④滑炒。原锅留底油，加入鲜汤、盐、味精调味，用湿淀粉勾薄芡，倒入鸡丝、青椒丝，颠翻均匀，出锅装盘。（图1-1-6）

图1-1-6

 菜品标准

成品色泽洁白，鸡丝长短、粗细均匀，肉质鲜嫩，上浆光洁，芡汁紧包，口味鲜咸适中。

温馨提示

①上浆要上劲，切鸡丝及上浆时要轻，防止鸡丝断碎。
②要掌握好滑油时间及油温，防止鸡丝过老。

相关链接

滑炒

滑炒是中式烹调中应用最广泛的一种技巧。滑炒是将经过精细加工的小型原料上浆滑油，再用少量油在旺火上急速翻炒，最后以兑汁或勾芡的方法制熟成菜的一种烹调技法。其特点主要是，先给原料上一层糊状的薄浆，再入锅中加热，将一次加热变为二次加热，即滑和炒。这种烹调技法制作出的菜肴滑嫩柔软、色泽鲜艳、味美鲜爽。滑炒看起来十分简单，实际上却不容易掌握。烹饪伴随着时代的发展不断在创新，创新不等于摒弃，而是继承与发展。近年来盛行的"蔬菜油滑爆炒法"，就是对传统蔬菜烹制的改良和创新，不仅能提高蔬菜的嫩度，而且能产生爽滑的质感，突出滑炒菜肴鲜、嫩、香的风味特色。

图1-2-1

原料组成

主料：净鱼肉400克。

配料：水发黑木耳10克，胡萝卜25克，青椒20克。

调料：蛋清适量，绍酒5克，胡椒粉1.5克，盐3克，味精1.5克，葱、姜、蒜少许，湿淀粉适量。

制作步骤

①刀工成形。将鱼肉片成长6厘米、宽3厘米、厚0.5厘米的薄片，配料切菱形片。（图1-2-2）

②上浆。鱼片加入盐、味精、胡椒粉、蛋清、湿淀粉上浆、上劲。（图1-2-3）

图1-2-2
图1-2-3

③滑油。锅洗净，滑锅，加入色拉油，加热至两三成热，投入鱼片划散，成熟后倒入漏勺。（图1-2-4）

④滑炒。锅上火烧热，加少许底油，葱、姜、蒜煸炒出香味，加20克水、绍酒、盐、味精烧沸，用湿淀粉勾芡，投入配料和鱼片，翻炒均匀，淋明油即可。（图1-2-5）

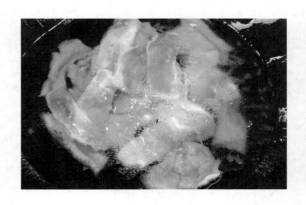 

图1-2-4
图1-2-5

◆ 菜品标准

鱼片完整均匀，口味鲜咸适中，芡汁光洁明亮，肉质滑嫩柔软。

温馨提示

①改刀厚薄均匀一致。

②上浆要上劲，防止滑油时脱浆。

③油温控制在90℃~120℃，用力要轻，防止脱浆。

④芡汁厚薄适度，口味适中，明油不宜过多。

▲▲ 相关链接

上浆

上浆好坏对滑炒菜肴的成败起到关键的作用。浆可分为蛋清浆、全蛋浆、苏打浆、干粉浆。不管用何种浆，上浆时都必须注意上浆时间、上浆动作、淀粉用量和调味程度四个要点。

上浆时间：上浆是利用渗透原理进行的，渗透的过程一般都很缓慢。因此，为原料上浆一般在加热前15分钟左右进行（上苏打浆则要提前十几小时甚至一天），这时只用水或蛋液，在正式加热前，再用水或蛋液补浆一次，然后再拌入淀粉。

上浆动作：需要上浆的原料多数细小而质嫩，因此，上浆时的动作一定要轻，防止抓碎原料，尤其是鱼丝、鸡丝更要注意。上浆时一开始动作要慢，当浆已均匀分布于原料各部分时，动作再稍快一些，利用机械摩擦促进浆水的渗透。

切记"快不等于手重"。

淀粉用量：淀粉用量是一个不可忽视的问题。如果淀粉量不足，很难在原料周围形成完整的浆膜；如果淀粉量过多，又容易引起原料的粘连。合适的用量标准是，原料加热后，在浆的表面看不到材料纹理。

调味程度：上浆的同时，要对原料进行基本调味（码味），这时一定要掌握好分寸，要给最后调味留余地，盐和味精千万不可多加。

任务三 青椒里脊丝

图1-3-1

🍀 原料组成

主料：猪里脊肉250克。

配料：青椒丝50克。

调料：蛋清适量，鲜汤适量，味精适量，盐3克，绍酒5克，湿淀粉15克。

🥬 制作步骤

①刀工成形。将猪里脊肉切成长9厘米、宽0.2厘米的细丝。（图1-3-2）

②上浆。将里脊丝用蛋清、盐、湿淀粉上浆、上劲。

③滑油。锅洗净，滑锅，加入色拉油，加热至三四成热，投入里脊丝划散，至里脊丝呈白色时倒入漏勺。（图1-3-3）

④滑炒。原锅留底油，加入鲜汤、盐、味精调味，用湿淀粉勾薄芡，倒入里脊丝、青椒丝，颠翻均匀，淋明油，出锅装盘。（图1-3-4）

图1-3-2

图1-3-3
图1-3-4

💎 **菜品标准**

里脊丝长短、粗细一致，肉质鲜嫩，青椒碧绿。

①批里脊片时要厚薄均匀，排叠得当，以防切出的里脊丝粗细不一。

②里脊丝上浆时，要抓上劲，防止脱浆。

③滑油时要掌握温度。

④勾芡时芡汁要均匀，要淋上明油增色。

温馨提示

🔺 **相关链接**

油温控制

油温控制对初学者来说，的确很难掌握，它是一个熟能生巧的实践过程。影响油温的因素很多，如原料本身的质地、原料数量、火力强弱等。

例如，用油滑含蛋白质丰富的原料时，油温不宜超过80℃（三成热左右）。因为蛋白质凝固的最佳温度是80℃，如果超过80℃，蛋白质会急速凝固，原料脱水变硬，失去软嫩的特点。

用油滑肉类原料时，油温不宜超过130℃。如果油温过高，部分蛋白质分解成挥发性氮、硫化氢、硫醇化合物及氨等低分子物质，不仅会使肉色变暗，香味、营养成分也会受到影响而且会对人的身体健康造成不良影响。从事餐饮工作的人，要始终把人民的健康放在首位，给大家提供富含营养的健康膳食。

鸡丝、鱼片等原料十分鲜嫩，油温过高，会使原料的水分迅速丧失，质地变老，色泽褐暗，所以一般将油温控制在两三成热，且最好用手将原料抓散下锅。

某些原料切制后，要先烫一下再滑油，主要是除去部分腥膻异味和血污，减少水分，同时防止原料对油脂的污染。这样处理可以使菜肴清爽利落，不粘连，缩短烹调时间。

任务四　锦绣鱼丝

图1-4-1

原料组成

主料：净黑鱼肉400克。

配料：红、绿、黄灯笼椒各一个，蛋皮丝、香菇丝、豆芽适量。

调料：盐3克，胡椒粉2克，味精2克，蛋清20克，湿淀粉20克，绍酒5克，鲜汤适量，葱丝、姜丝适量。

制作步骤

①刀工成形。将净黑鱼肉切成长9厘米、宽0.2厘米的鱼丝，放在碗中，拌入盐、味精、胡椒粉，抓匀静置3~5分钟。灯笼椒去籽洗净，切丝备用。（图1-4-2）

②上浆。腌渍后的鱼丝以蛋清、湿淀粉上浆。（图1-4-3）

图1-4-2
图1-4-3

③滑油。锅洗净，滑锅，加入色拉油，加热至两三成热，投入鱼丝滑油。（图1-4-4）

④滑炒。锅置于旺火上，葱丝、姜丝爆香后，加入鲜汤、盐、味精、胡椒粉等调料后勾以薄芡，投入鱼丝及灯笼椒丝、香菇丝、豆芽等配料翻炒均匀即可。（图1-4-5）

图1-4-4
图1-4-5

 菜品标准

刀工精细，色彩天然鲜艳，丰富似锦绣，鱼丝不断、均匀、洁白，口味滑嫩香鲜。

 温馨提示

①选用鲜活黑鱼宰杀，可冷冻24小时，以便批片均匀，切丝细长。
②上浆要上劲，油温掌握在两三成热时下鱼丝。

相关链接

锦绣鱼丝与三丝敲鱼、爆墨鱼花并称"瓯菜三绝"，是瓯菜（温州菜肴）的代表作。锦绣鱼丝的每一个步骤都要求"精工细活"，一刻也不能大意。保证鱼丝完整是此菜成功的关键，无论是入油锅划散，还是加配料热炒，鱼丝都不可散、不可碎、不可断。同学们应该始终秉持严谨细致的工作态度，平时多多练习。

任务五　蚝油牛肉

图1-5-1

原料组成

主料：牛里脊肉300克。
调料：干淀粉15克，小苏打3.5克，胡椒粉1克，姜3克，葱5克，蒜3克，生抽5克，蚝油15克，绍酒3克，麻油3克，味精、酱油、香油、清汤适量。

①刀工成形。将牛里脊肉切成0.3厘米厚的片，用刀略剞。（图1-5-2、图1-5-3）

图1-5-2
图1-5-3

②上浆。将5克生抽、3.5克小苏打、15克干淀粉、75毫升水调成糊状，和牛肉片拌匀，加入20克色拉油，静置30分钟。（图1-5-4）

③滑油。用旺火将锅烧热，下入色拉油，烧至四成热，投入牛肉片划散，至九成熟，倒入漏勺沥去油。（图1-5-5）

图1-5-4
图1-5-5

图1-5-6

④调芡汁。将蚝油、味精、酱油、香油、胡椒粉、湿淀粉、25毫升清汤调成芡汁。

⑤滑炒。将锅放回火上，下葱、姜、蒜爆至有香味，投入牛肉片，烹入绍酒，用芡汁勾芡，淋麻油炒匀，速盛出即可。（图1-5-6）

 菜品标准

牛肉片香滑鲜嫩，无韧性，味道鲜美。

温馨提示

①牛肉片滑油时，油温不宜过高。如果是通脊牛肉片，八成熟时即可捞出。

②蚝油荤素皆宜，但使用时不宜高温蒸煮，以免所含谷氨酸钠分解为焦谷氨酸钠而失去鲜味。

相关链接

蚝油

蚝油是广东特有的调味料。它选用沙井鲜蚝汁为主要原料，辅以淀粉、芝麻、白糖、盐，经过烘焙蒸煮等工艺处理而成，既保存了鲜蚝独有的风味，又没有鲜蚝的腥臊味，鲜美异常。

任务六　鱼香肉丝

图1-6-1

原料组成

主料：猪肉250克。

配料：水发玉兰片50克，水发木耳25克。

调料：泡红辣椒20克，盐3克，姜10克，蒜10克，葱20克，酱油10克，醋15克，白糖15克，味精1克，湿淀粉25克，绍酒、鲜汤适量。

制作步骤

①刀工成形。将猪肉切成长8厘米、宽0.3厘米的细丝，加入2克盐、湿淀粉、绍酒上浆。水发玉兰片、木耳洗净，切成丝，泡红辣椒剁细，蒜切细末，葱、姜切成末备用。（图1-6-2、图1-6-3）

图1-6-2
图1-6-3

图1-6-4

②调芡汁。醋、白糖、味精、酱油、湿淀粉、鲜汤、盐兑成芡汁。

③滑油。锅置于旺火上，放油烧热（约180℃），下肉丝划散，至肉丝呈白色时倒入漏勺。（图1-6-4）

④滑炒。原锅留底油，加泡红辣椒、姜末、蒜末炒出香味，再放入玉兰片丝、木耳丝、葱末炒匀。投入肉丝，烹入芡汁迅速翻炒，出锅装盘即可。（图1-6-5、图1-6-6）

图1-6-5
图1-6-6

◆ 菜品标准

成品色泽红亮，咸甜酸辣四味并重，葱、姜、蒜味道突出，肉丝均匀，汤汁少。

温馨提示

①肉丝长短、粗细均匀一致，上浆要均匀。
②咸甜酸辣比例要适当，应突出葱、姜、蒜味。

🔺 相关链接

鱼香肉丝是一道常见川菜。虽无鱼，却有鱼香，体现了中国人民的伟大智慧。鱼香是川菜主要的传统味型之一。成菜具有鱼香味，但其味不是来自鱼，而是来自泡红辣椒、葱、姜、蒜、白糖、盐、酱油等调料。鱼香肉丝，以鱼香调味而定名。鱼香味的菜肴首创者为民国初年的四川厨师。而今，鱼香味已广泛用于川味的熟菜中，口味咸、甜、酸、辣、香、鲜，具有浓郁的葱、姜、蒜味。

任务七　辣子鸡丁

图1-7-1

原料组成

主料：鸡脯肉200克。

配料：红、绿灯笼椒15克。

调料：湿淀粉30克，白糖10克，醋5克，干辣椒2个，郫县豆瓣酱10克，酱油5克，味精3克，盐2克，绍酒3克，红油2克，奶汤25克，葱、姜、蒜少许，蛋液适量。

制作步骤

①刀工成形。鸡脯肉洗净，切成1厘米见方的丁。（图1-7-2）

②上浆。鸡丁加盐拌匀，再加蛋液、湿淀粉，抓上劲。灯笼椒、干辣椒切丁。（图1-7-3）

③调芡汁。将酱油、绍酒、味精、白糖、醋、湿淀粉、奶汤调成对汁芡。

④滑油。锅洗净后滑锅处理，加入色拉油，加热至三四成热时，将浆好的鸡丁、灯笼椒丁下油锅划散，至鸡丁转白断生捞出。（图1-7-4）

⑤滑炒。锅中留少许底油，把干辣椒丁、葱、姜、蒜爆香，郫县豆瓣酱炒出

颜色，然后投入鸡丁、灯笼椒丁翻炒，加入对汁芡、红油炒匀，最后收汁出锅装盘。（图1-7-5）

图1-7-2
图1-7-3

图1-7-4
图1-7-5

💎 菜品标准

鸡丁质地细嫩，灯笼椒丁爽脆，口味甜酸麻辣，色泽红亮，芡汁紧包。

温馨提示

①鸡丁要大小一致。

②滑鸡丁时油温一定不能过高，油温太高，鸡肉就会老硬，失去鲜嫩的口感。

③干辣椒丁、郫县豆瓣酱在炒制时要炒出香味且要防止炒焦。

🔺 相关链接

辣子鸡丁是四川的传统特色菜之一，备受全国各地人们的喜爱。辣子鸡丁味道香辣可口，并且有丰富的营养价值。鸡肉中蛋白质的含量较高，容易被人体吸收利用。鸡肉还含有较多对人体生长发育有重要作用的磷脂类，是中国人膳食结构中脂肪和磷脂的重要来源之一。

任务八　尖椒牛柳

图1-8-1

🍀 原料组成

主料：牛里脊肉300克。

配料：尖椒250克。

调料：酱油10克，蚝油15克，绍酒20克，干淀粉15克，小苏打1.5克，麻油5克，盐、味精、蛋清适量。

⬡ 制作步骤

①刀工成形。牛里脊肉切成厚1厘米的片，用刀略剞，切成长4厘米的条。（图1-8-2）

②上浆。在牛肉条中加入3克盐、5克酱油、小苏打、蛋清、干淀粉拌匀，最后加入20克色拉油，静置30分钟。（图1-8-3）

③滑油。用旺火将锅烧热，下入色拉油，烧至三成热，投入牛肉条划散，至牛肉条刚熟时捞起。再将尖椒滑油，至变色，倒入漏勺沥去油。（图1-8-4）

④滑炒。锅放回火上，留底油，将牛肉条、尖椒倒回锅中，加入绍酒、酱油、蚝油、味精翻炒片刻，勾芡，淋上麻油炒匀，出锅装盘。（图1-8-5）

图1-8-2
图1-8-3

图1-8-4
图1-8-5

◆ 菜品标准

成品色泽鲜润，尖椒脆嫩，牛柳鲜嫩。

温馨提示

①上浆要用苏打浆，静置时间久一点儿更好。
②要注意控制油温。

相关链接

原料上浆时盐的作用

确定菜肴的基本味。原料处理成片、条、丁、丝、粒后，加入盐腌渍，主要是利用盐的渗透作用确定菜肴的基本味，这在行业中称为"入内口"或"码味"。此时，原料处于生鲜状态，盐的分子量较小，极易渗到原料的内部；而受热成熟的原料，蛋白质凝固变性收缩，在表面形成一层蛋白质凝固层，就像一道"屏障"阻碍了调料进入原料内部，难以入味。上浆菜肴的咸味来自腌渍时加的盐和调味芡汁中加的盐，因此，腌渍调味时的加盐量会影响菜肴最终的口味。

促进原料上劲。"上劲"是烹饪行业的习惯说法，原料上劲有四点注意事项：一是富含蛋白质的动物性原料，富含脂肪的肥膘以及富含淀粉的土豆泥、山药泥等均不能上劲；二是原料需加工成片、条、丁、丝、粒及花刀块等小型料形和糜状料形，大块原料不能上劲；三是适宜的加盐量，加盐量过低不易上劲，过高则味咸；四是适宜的温度，2℃~10℃易上劲，超过30℃就难上劲。糜状料形的上劲最为明显，以鱼肉为例，将鱼肉斩碎，加工成鱼糜，添加2%~3%的盐后再搅拌，鱼糜即呈现为高黏度的鱼肉糊，此时，我们说鱼糜"上劲"了。上浆原料的上劲机理与鱼糜相同，原料在加盐之前，表面松散没有黏性，加盐搅拌片刻后，原料表面黏度增大，即上劲了，这样就提高了原料与浆液的结合能力，有利于上浆，原料在加热烹调时，也不易脱浆。

改变原料的含水量。首先，盐可以减少原料的含水量。例如，将净鱼肉加工成鱼片、鱼丁、鱼丝等料形后，一般要用清水漂洗，以除去色素、臭气、脂肪、血液、残余的皮屑及污物等，使最终的菜肴色泽洁白。在漂洗过程中，鱼肉逐渐吸水膨胀，造成上浆困难，此时可添加少量的盐，将离子强度调节到0.02~0.05，使鱼肉脱水，挤出部分水分再上浆，原料易吃进浆液，并均匀入味。其次，盐也可以增加原料的含水量。禽、畜原料加工成片、条、丁、丝、粒等形状后，在上浆时常要加一定量的水，水分子与原料中的亲水官能团发生水合作用，而使水分子被牢固地吸附在蛋白质上，加入盐后（低浓度），盐电离出的Na^+、Cl^-吸附在蛋白质表面，增加了蛋白质表面的极性基团，这样亲水官能团与极性基团一起，使蛋白质的水化能力大大增强，肌肉含水量增多，变得多汁起来，从而使烹制后的成品质感软嫩。

图1-9-1

原料组成

主料：猪里脊肉150克。

调料：小葱100克，甜面酱20克，绍酒5克，盐0.5克，酱油5克，味精5克，湿淀粉15克，姜5克，麻油2克，白糖适量，鲜汤适量。

制作步骤

①刀工成形。猪里脊肉切成长8厘米、宽0.2厘米的细丝，小葱切成长5厘米的细丝，姜去皮切成头发般细丝。（图1-9-2～图1-9-4）

②上浆。里脊丝用水漂洗后沥干，加入盐、绍酒、味精和湿淀粉上浆。（图1-9-5～图1-9-7）

图1-9-2
图1-9-3

图1-9-4
图1-9-5

图1-9-6
图1-9-7

③滑油。将锅放在中火上烧热，用油滑锅，加入色拉油，待油温升至四成热时，投入浆好的里脊丝划散，待里脊丝发白时倒入漏勺。（图1-9-8～图1-9-10）

④滑炒。原锅留底油，甜面酱下锅煸散，加入绍酒、酱油、白糖、少量鲜汤和味精，投入里脊丝炒匀，再用湿淀粉勾芡，淋上麻油出锅。（图1-9-11、图1-9-12）

图1-9-8
图1-9-9

图1-9-10
图1-9-11

⑤装盘。先将2/3的小葱丝铺在盘底，盛入里脊丝，再将余下的小葱丝撒在里脊丝上面，小葱丝上放上姜丝即可。（图1-9-13）

图1-9-12
图1-9-13

◆ 菜品标准

成品色彩鲜明，里脊丝长8厘米，粗细均匀，肉质鲜嫩，具有浓郁的酱香、葱香味。

温馨提示

①刀工宜精细，里脊丝、小葱丝、姜丝均匀一致，里脊丝上浆需上劲。
②滑油时油温应掌握恰当，以免划不散结块或脱浆。
③用2/3小葱丝铺底，1/3小葱丝盖面，上放姜丝。

▲▲ 相关链接

钱江肉丝是杭州地区的传统名菜。菜色红润油亮，香味扑鼻，味道醇厚。钱江肉丝揉入了北方菜肴的浓重口味，同时保持了杭州菜肴鲜咸入味、刀工精细的特点。钱江肉丝本身口味浓重，为患有高血压、冠心病的人烹制这道菜时应该适当减少调料。

任务十　香干肉丝

图1-10-1

♣ 原料组成

主料：猪里脊肉250克，白香干4片（100克）。
调料：葱5克，绍酒10克，酱油5克，白糖2.5克，味精2.5克，麻油2克。

◯ 制作步骤

①刀工成形。猪里脊肉批成厚0.2厘米的薄片，切成长8厘米的肉丝。白香干切成长5厘米、宽0.2厘米的细丝。葱切成长5厘米的葱段待用。（图1-10-2～图1-10-5）

图1-10-2
图1-10-3

图1-10-4
图1-10-5

②煸炒。锅置于火上烧热，用油滑锅后下色拉油，至五成热时投入葱段炒出香味，再下里脊丝煸透。烹入绍酒，再下白香干丝、白糖、酱油煸炒片刻，加入味精煸匀，淋上麻油煸炒均匀即可。（图1-10-6～图1-10-10）

图1-10-6
图1-10-7

图1-10-8
图1-10-9

图1-10-10

💎 菜品标准

里脊丝长8厘米，肉丝粗细均匀，肉嫩干香，有咬劲。

温馨提示

①白香干不宜切得太细，煸炒时也应注意，以免断丝。

②炒制此菜时不腌渍，不上浆，不滑油，不勾芡。

相关链接

煸炒

煸炒也叫干煸，选料限于禽、畜、鱼的细嫩部位和鲜嫩蔬菜的茎、根、叶，还要加工成片、条、丁、丝、粒等细小形状。生料直接下锅，既不用事先腌渍，也无须上浆挂糊，在锅内调味，旺火沸油，快速煸炒至肉类原料变色、蔬菜原料断生即出锅，成品汁少，入味，鲜香脆嫩。用这种方法烹制的菜肴的特点是：色泽自然，油润光亮，软嫩鲜香，微有汤汁。

任务十一 炒土豆丝

图1-11-1

原料组成

主料：土豆250克，青椒50克。

调料：味精2克，盐2克，白醋1克。

①刀工成形。土豆洗净去皮，切成长5厘米、宽0.2厘米的丝。青椒切成长4厘米、宽0.2厘米的丝。（图1-11-2、图1-11-3）

图1-11-2
图1-11-3

②漂洗。土豆丝用水漂洗干净，沥干水分。（图1-11-4、图1-11-5）

图1-11-4
图1-11-5

③焯水。锅中加入1000克水烧沸，放入土豆丝焯水1分钟，沥干水分。（图1-11-6、图1-11-7）

图1-11-6
图1-11-7

④煸炒。锅置于中火上烧热，滑锅，加入色拉油，倒入焯水处理的土豆丝，加入盐、味精翻炒均匀，再加入青椒丝、白醋翻炒至断生即可。（图1-11-8、图1-11-9）

图1-11-8
图1-11-9

 菜品标准

土豆丝长5厘米、宽0.2厘米，粗细均匀，成品色泽白净，口感脆嫩，清脆爽口。

温馨提示

①土豆丝要长短、粗细均匀并及时用水漂洗。

②入锅后要勤翻炒，要控制好火候。

相关链接

煸炒的技巧

活：指手法灵活、配合默契。在煸炒过程中，原料一下锅，两手就要形成一个整体，协调操作，保证原料在高温条件和短暂时间内均匀受热、入味、成熟，成为脆嫩可口的菜肴。

快：指出手快。煸炒原料细嫩，在高温锅内停留时间稍长，就会质地变老，失掉煸炒特点。既要烧透，又要入味，就必须眼疾手快，下料快，炒得快，用最短的时间，使原料受热均匀并吸收入味。要做到这一点，就要充分了解原料特性、耐热程度、下料次序和投料时间等。一般来说，投入原料时，先下不易成熟的，煸炒到一定程度，再下易于成熟的，才能达到同时成熟的目的。

准：指下调料准。煸炒时下调料必须一次下准，不仅数量准，而且次序准，不然，菜肴不入味，会影响煸炒菜肴的质量。煸炒下调料的情况较为复杂，要不同原料不同对待。有的调料在原料下锅前下，有的调料与原料同时下，有的调料在原料下锅后、煸炒过程中陆续下，有的调料则要在原料本身水分炒干、快要成熟时下。

轻：指出手要轻，用勺要匀。煸炒的原料不但细嫩，而且碎小，又要在高温锅内不停地快速翻炒，极易断碎。所以煸炒菜肴用力不能过猛，特别是用铲翻炒时，出手要轻，以防将细丝、薄片类的原料炒碎炒烂，不能保持美观、完整的形态。

任务十二　炒醋鱼块

图1-12-1

🍀 原料组成

主料：草鱼1条（300克）。

调料：绍酒25克，酱油50克，葱3克，姜3克，白糖25克，醋25克，湿淀粉25克，麻油10克，胡椒粉2克。

🌀 制作步骤

①刀工成形。草鱼剖洗干净，取净肉，切成长5厘米、宽2厘米的条块。2克葱切成葱段，1克葱切成葱花，姜切成末。（图1-12-2、图1-12-3）

②煸炒。锅置于中火上烧热，用油滑锅，加入50克色拉油，加热至六成热，放入葱段，煸炒出香味即放入鱼块，略翻炒后，加入绍酒、酱油、白糖、水，用旺火烧沸后，改用小火烧5分钟。最后用旺火收浓汤汁，烹入醋，放入姜末，用湿淀粉勾薄芡，淋上麻油。（图1-12-4～图1-12-8）

③出锅装盘。撒上葱花、胡椒粉。

图1-12-2
图1-12-3

图1-12-4
图1-12-5

图1-12-6
图1-12-7

图1-12-8

◆ 菜品标准

　　鱼块切成长5厘米、宽2厘米的条块，成品色泽红亮，鱼肉鲜嫩，汤醇浓滑，酸甜可口。

温馨提示

①鱼块不能过多翻炒，以免散碎；加适量水烧制，否则不易成熟。

②成品酸甜味，醋味较浓。

煽炒的调味关键

煽炒时的调味关键是要掌握好各种调料的投放时间和顺序。煽炒菜肴可调成咸鲜味、酸辣味、香辣味等，但不管调成什么味，各种调料的投放时间和顺序一定要掌握好，否则会影响成菜的质量。例如，盐应在原料炒至八九成熟时再加入。因为盐具有凝固蛋白质和影响渗透压的作用，若过早地加入盐，会使肉类原料质老不嫩，又会使蔬菜内部的水分析出，从而使成菜因汁水太多而失去煽炒菜肴的特点。再如，醋宜在原料下锅后加入。这样既可除去肉类原料中的一些异味，又可保证蔬菜内部水分不外溢，减少营养素的流失，从而保证成菜脆爽的口感。若菜品要求透出酸味，还应在菜肴出锅前补加一些醋，这样才能起到调味的作用。又如，辣椒应在炝锅时放入，炸至上色出香；辣椒油宜在出锅时加入；白糖、胡椒粉等应在炒制中间加入，以起调味、增鲜、除异味的作用。菜肴出锅前，还应顺锅边淋入适量的明油，以确保菜品香气浓郁，油润光亮。

任务十三　芙蓉鸡片

图1-13-1

原料组成

主料：鸡脯肉100克。

配料：鸡蛋6个，猪肥膘肉15克，熟火腿10克，小青菜25克，香菇10克。

调料：绍酒25克，盐2.5克，味精1.5克，葱姜汁10克，鸡清汤100克，湿淀粉10克。

①刀工成形。香菇切块，熟火腿切末，小青菜洗净择开。鸡脯肉、猪肥膘肉斩成茸，放入大碗内加水搅匀。（图1-13-2、图1-13-3）

图1-13-2
图1-13-3

②鸡茸加工。鸡茸过筛，筛去鸡筋膜后加葱姜汁、5克绍酒、50克鸡清汤、1.5克盐，抓上劲。将蛋清搅拌成浓稠的蛋清液，徐徐倒入鸡茸中，加1克味精，再抓至上劲待用。（图1-13-4～图1-13-9）

图1-13-4
图1-13-5

图1-13-6
图1-13-7

图1-13-8
图1-13-9

③鸡茸片加工。锅置于火上烧热，用油滑锅，加入色拉油烧至三成热时离火，用手勺将鸡茸舀剜成柳叶片形逐片放入油锅内，加热油锅，待鸡茸片呈玉白色时，轻轻地倒入漏勺沥油。（图1-13-10）

④软炒。原锅内留少许底油，置火上烧热，投入小青菜、香菇块略炒，加20克绍酒、50克鸡清汤、1克盐、1.5克味精，放入鸡茸片，用湿淀粉勾芡，翻炒装盘，撒上熟火腿末即可。（图1-13-11）

图1-13-10
图1-13-11

 菜品标准

鸡茸片长3~4厘米，成品洁白光润，饱满爽滑，鲜美软嫩。

温馨提示

①鸡脯肉、猪肥膘肉要斩细，斩时要保持清洁。
②控制好油温，防止过高，以免鸡茸片变老，色泽变黄。

相关链接

软炒

软炒又称湿炒、推炒、泡炒。软炒主要是指将茸泥类原料或蛋、奶制品（液体原料）用中小火炒制成熟的方法；或是将主要原料加工成茸泥后，用汤或水调制成液态状，放入有少量油的锅中炒制成熟的烹调方法。江南地区为了保证软炒菜肴的造型，一般先将茸泥类原料在两三成热的低温油中养熟成片，再用中小火炒制成熟。

软炒是所有炒法中最难掌握的一种技法，其制作有几个关键点：

一是选用结缔组织少、质地鲜嫩、颜色白净的原料，如牛奶、鸡脯肉、虾仁等；

二是为保证成品质感细嫩和色泽洁白，要将原料浸泡去除血水，并要过筛；

三是稀释原料时，要掌握好原料、水、淀粉、蛋清的比例，准确调味；

四是要掌握火候，火力过猛易造成焦糊，火力过小则不易成熟；

五是炒制要快、轻，不宜过多搅动，否则会造成稀花现象。

用一句顺口溜来形容软炒最为贴切："软炒技法低油温，原料配比是关键；小火慢炒难度大，成形片片似雪花。"

······· 任务十四　芙蓉鱼片 ·······

图1-14-1

🍀 原料组成

主料：净白鲢肉300克。

配料：红、绿灯笼椒各15克，水发木耳15克，鸡蛋3个。

调料：姜汁水10克，绍酒2克，盐15克，味精2克，淀粉130克，奶汤150

克，熟鸡油10克。

①刀工成形。红、绿灯笼椒切片，水发木耳撕成小朵。白鲢肉斩成茸。（图1–14–2、图1–14–3）

图1–14–2
图1–14–3

②鱼茸加工。鱼茸过筛漂洗，用刀塌、排剁后，加入盐、水，抓上劲，再加入姜汁水、蛋清和水，继续抓劲，最后加干淀粉、味精和色拉油抓劲。（图1–14–4～图1–14–11）

图1–14–4
图1–14–5

图1–14–6
图1–14–7

图1-14-8
图1-14-9

图1-14-10
图1-14-11

③鱼茸片加工。锅置于中火上，加入色拉油，烧至三成热时，用手勺将鱼茸分次均匀地舀入油锅，当鱼茸片浮起时捞起，用热水洗去表面的余油。（图1-14-12～图1-14-15）

图1-14-12
图1-14-13

图1-14-14
图1-14-15

④软炒。原锅留底油，置于火上，放入绍酒、奶汤、灯笼椒片，加盐、味精，用湿淀粉勾薄芡，将鱼茸片倒入锅中，包上芡汁，淋上熟鸡油出锅即可。（图1-14-16、图1-14-17）

图1-14-16
图1-14-17

 菜品标准

成品色泽鲜艳，鱼茸片长3～4厘米，洁白光润，柔滑鲜嫩。

①要注意鱼茸的稀稠程度。
②要掌握好油温。
③勾芡要恰当、均匀。

温馨提示

相关链接

何谓芙蓉？芙蓉即荷花，带有娇艳纯洁、出淤泥而不染的特质。浙菜里的芙蓉鱼片不见整鱼，只取蛋清打成蛋泡糊，和上鱼茸（称活芙蓉）；或将蛋清搅拌成浓稠的蛋清液，倒入鱼茸中（称死芙蓉）。鱼茸片如荷花般雪白，肉质细嫩，故称芙蓉鱼片。

任务十五　炒鲜奶

图1-15-1

原料组成

主料：牛奶1杯，鸡蛋3个。
配料：熟火腿肉25克，时令绿蔬菜20克。
调料：盐3克，味精2.5克，绍酒4克，湿淀粉30克，清汤适量。

制作步骤

①原料加工。熟火腿肉切成菱形片，时令绿蔬菜焯熟。蛋清放入碗内，加味精、盐、牛奶、湿淀粉，搅匀待用。（图1-15-2、图1-15-3）

图1-15-2
图1-15-3

②鲜奶养熟。锅置于旺火上，用油滑锅后，下色拉油，至二成热时，将蛋清牛奶徐徐淋入锅中。待蛋清牛奶凝结成玉白色时，用手勺轻轻推铲至浮起成片

状，轻轻倒入漏勺沥油，用热水洗去余油。（图1-15-4～图1-15-7）

图1-15-4
图1-15-5

图1-15-6
图1-15-7

③软炒。原锅加入清汤、绍酒、盐、味精，用湿淀粉勾跑马芡，倒入熟火腿肉片、时令绿蔬菜和蛋清牛奶片，用手勺推勺，翻锅淋入明油，装盘即可。（图1-15-8～图1-15-10）

图1-15-8
图1-15-9

图1-15-10

💎 菜品标准

成品色泽洁白，奶鲜味香，软滑爽口。

①不能用普通的奶牛奶，要用质优脂重的水牛奶制作，并且不能掺水。因为水牛奶脂肪含量高达9%，而奶牛奶只有2%，脂肪含量低炒出来容易出水，奶味也突出不了。

②制作时要注意火候。过火，奶片则老。

③锅净油清，热锅冷油，成片均匀，不碎不焦。

温馨提示

相关链接

炒鲜奶是软炒法的典型菜例，已有70多年的历史。炒鲜奶是用蛋清和新鲜水牛奶混合，用色拉油炒制，颜色纯白，可用筷子或汤匙吃，奶味香浓，口感软滑，老少咸宜。

任务十六　蒜爆里脊花

图1-16-1

原料组成

主料：大排里脊肉250克。

调料：绍酒4克，盐2克，蒜4瓣，蛋清、味精、清汤、湿淀粉适量。

①刀工成形。将大排里脊肉批成厚1.5厘米的片，再改刀成长4厘米、宽2厘米的骨牌块，逐一剞上菊花花刀，浸泡在水中。蒜瓣去两头后切片，切丝，切小米粒。（图1-16-2～图1-16-5）

图1-16-2
图1-16-3

图1-16-4
图1-16-5

②上浆。将改刀后的里脊花用绍酒、盐、蛋清腌渍上浆。（图1-16-6、图1-16-7）

图1-16-6
图1-16-7

③滑油。锅烧热后用油滑锅，加入色拉油，待油温升至三四成热时，将里脊花逐一滑油后倒出。（图1-16-8）

④爆炒。原锅留7克底油，放入蒜粒煸炒出香味，加入清汤、盐、味精，将滑好油的里脊花倒入锅中，淋入湿淀粉，待淀粉糊化，翻炒均匀使芡汁紧包其外即可出锅装盘。（图1-16-9～图1-16-12）

图1-16-8
图1-16-9

图1-16-10
图1-16-11

 菜品标准

里脊花大小均匀、花纹清楚美观，成品肉质鲜嫩。

图1-16-12

温馨提示

①花刀深度必须达到骨牌块的4/5。
②芡汁口味必须一次调准。

相关链接

爆炒

爆炒就是原料在极短的时间内经过沸水烫或热油速炸（也有用油温较高的底油速炒的），再与配料同炒，然后迅速冲入兑好的芡汁快速颠炒。爆炒的特点是旺火速成，所用原料多为有韧性的鸡肉、鸭肉及瘦猪肉、牛肉、羊肉等。

爆炒一般都先将原料进行刀工处理。主料上浆时不可过干，以防遇热成团。

爆炒一般可分为油爆、芫爆、葱爆、酱爆、汤爆、水爆等。

油爆：油爆就是用热油爆炒。油爆有两种烹制方法。一种是主料不上浆，用沸水烫一下即刻捞出控水，放入热油中速炸，炸后再与配料同炒，继而冲入兑好的芡汁速炒；另一种是主料上浆后，在热油锅中速炒，炒散后，控去部分油，下入配料，冲入芡汁速炒。

芫爆：芫爆和油爆相似，不同点是芫爆的配料必须是香菜，即芫荽，因此得名。

葱爆：葱爆就是用葱和主料一同爆炒。葱爆的主料既不上浆、滑油，也不用沸水烫，而是用调料调好味与葱爆炒即可。

酱爆：酱爆就是用炒熟的酱类（甜面酱、黄酱、酱豆腐）爆炒原料。

汤爆、水爆：汤爆和水爆类似。主料先用沸水汆至半熟后，冲入调味的沸汤，即为汤爆；如果冲入沸水，即为水爆。水爆菜肴在食用时另蘸调料。

项目二　炸

　　炸是中餐烹饪中较为重要的一种技法，也是比较古老的烹调技法之一，应用范围很广。周代《礼记·内则》周代八珍中的"炮豚"等菜，开创了用炮、炸、炖多种方法烹制菜肴的先例，特别是炸的烹调技法，对后代颇有影响。"炮豚"：煨、烤、炸、炖乳猪。做法是取乳猪，宰后挖掉内脏，用红枣填满肚子，外面用芦苇包裹，涂上黏土放在炭火上烤。外壳烧焦后，剥去泥巴，用湿手抹去表皮的灰膜，用米粉调糊敷在皮上，放在灭顶的油锅里炸到金黄，然后取出来，切成长条，配好香料，放在鼎中，把鼎放在大锅里炖，大锅的水不要满到鼎边上，用小火炖三天三夜，最后用酱、醋调味吃。这道菜涉及多种烹调技法，程序复杂，代表了当时烹饪技术的高峰。

　　炸是将经过加工处理的原料经过腌渍、不挂糊或挂糊，投入大油量、热油锅中加热成熟的烹调技法。炸的操作特点是旺火、大油量，菜品特点是无汁。炸可以分为不挂糊炸和挂糊炸两种，其中不挂糊炸又称为清炸；而挂糊炸则根据糊的种类不同又可分为干炸、软炸、脆炸、松炸、香炸、卷包炸等。

　　炸既能单独成菜，又能配合其他烹调技法，如熘、烧、蒸等共同成菜。

　　本项目重点介绍清炸、干炸、软炸、脆炸、松炸等常见实用的炸法及典型菜品，介绍这些炸法的操作技巧、成菜特色和各种炸法之间的区别，引导学生感受中式烹饪技法的多样性和地域性，锻炼学习烹饪技术中"精益求精、持之以恒、追求精致"等意志品质。

图2-1-1

♣ 原料组成

主料：土豆300克。
调料：盐1克，味精2克，胡椒粉2.5克。

● 制作步骤

①刀工成形。土豆洗净，去除外皮，修切成长方块，切成长7厘米、宽0.05厘米的细丝。（图2-1-2）

②漂洗。将切好的土豆丝放入水碗中，用水反复漂洗，洗去粉质，沥干水待用。（图2-1-3）

图2-1-2
图2-1-3

③炸制。锅置于旺火上烧热，倒入色拉油，烧至五成热时，将土豆丝抖散入锅，用筷子不断翻动，至土豆丝跑干水分成金黄色时，捞出沥油，加入盐、味

精、胡椒粉，轻轻翻动，装盘即可。（图2-1-4、图2-1-5）

图2-1-4
图2-1-5

 菜品标准

土豆丝长5厘米，粗细均匀，成品口味鲜咸，香脆，色泽金黄。

①土豆丝粗细、长短均匀，要浸入水中反复漂洗，洗出粉质后沥干。
②要控制油温，土豆丝要抖散入锅。

温馨提示

相关链接

清炸

清炸是将经过刀工处理的主料用调料腌渍，不拍粉、不上浆、不挂糊，直接用旺火热油加热成熟的烹调技法。其成品特点是外酥脆、里鲜嫩。

炸土豆松的操作过程不复杂，但对刀工、油温、火候的掌握要求极高，是体现厨师基本功的菜肴。操作时要求土豆丝切成如头发粗细的细丝，切好后一定要漂洗，否则炸时易发生粘连。注意成品装盘后不能挤压。

图2-2-1

♣ 原料组成

主料：虾蛄350克。

调料：盐1克，味精1.5克，绍酒5克，干淀粉20克，椒盐5克。

◐ 制作步骤

①原料处理。虾蛄剪去须、足，洗净，沥干水分。（图2-2-2）
②腌渍。在虾蛄中加入盐、味精、绍酒，稍拌，腌渍入味。（图2-2-3）

图2-2-2
图2-2-3

③拍粉。将腌渍好的虾蛄拍上干淀粉，待用。（图2-2-4）
④炸制。锅置于旺火上烧热，倒入色拉油，烧至五成热时，逐只投入虾蛄炸至表面结壳捞出，待油温回升至五成热时复炸至松脆捞出。原锅倒出油，放入炸好的虾蛄，加椒盐翻拌均匀即可出锅。（图2-2-5）

图2-2-4
图2-2-5

菜品标准

虾蛄松脆、完整无碎末，色泽褐黄，香气四溢。

①选料要新鲜，虾蛄腌渍前要沥干水分，腌渍入味要适宜。

②拍粉要均匀，要控制好油温。

温馨提示

相关链接

干炸

干炸是将主料经刀工处理后，用调料腌渍，再经拍粉或挂糊，投入油锅炸制成熟的一种烹调技法。原料应在腌渍入味后再拍粉或挂糊炸制，拍粉要均匀，一般现拍现炸。菜品特点：干香味重，外酥脆、里鲜嫩，色泽金黄。

任务三　炸敲鱼片

图2-3-1

🍀 原料组成

主料：草鱼1条（750克）。

调料：盐7克，味精3克，绍酒20克，葱5克，姜5克，干淀粉50克。

🍃 制作步骤

①刀工成形。将鱼剖洗干净，取鱼身肉，批去鱼胸骨，再批成片。葱洗净切段，姜洗净切片。（图2-3-2、图2-3-3）

图2-3-2
图2-3-3

②腌渍。将鱼片加盐、葱段、姜片、绍酒、味精腌渍5分钟入味。

③敲鱼片。将腌渍后的鱼片用干布吸干水分，在墩头上放上干淀粉，用木棍或小木槌将鱼片轻敲成薄片。（图2-3-4）

④炸制。锅内放入色拉油，烧至五六成热，把鱼片逐片投入油锅，炸至淡黄色时捞出，待油温回升后复炸。（图2-3-5）

图2-3-4
图2-3-5

💎 菜品标准

鱼片厚薄、大小一致，成品香、脆、形美。

①鱼肉批片要大小、厚薄一致，否则成形不均匀。

②敲鱼片时用力均匀。

③要掌握好油温，成品要脆，同时色泽不能过老。

相关链接

　　任务二的椒盐虾蛄和任务三的炸敲鱼片都是原料处理后经腌渍再拍粉入锅炸，与其他炸法有明显的区别。干炸菜肴的原料如果挂糊，采用的是水粉糊，与其他炸法采用的糊不同。

任务四　软炸鱼条

图2-4-1

原料组成

　　主料：草鱼肉150克。

　　调料：盐3克，味精3克，绍酒3克，鸡蛋2个，面粉100克，干淀粉20克，葱末1克，姜末1克，胡椒粉0.5克，花椒盐1小碟。

制作步骤

　　①刀工成形，腌渍。将草鱼肉改刀成长6厘米、宽1厘米的长条。用绍酒、盐、味精、胡椒粉、葱末、姜末腌渍3分钟。（图2-4-2、图2-4-3）

图2-4-2
图2-4-3

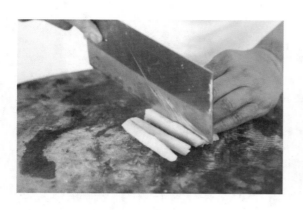

②制糊。用蛋清加面粉、盐、干淀粉、水调成蛋清糊。（图2-4-4）

③炸制。锅置于中火上，加入色拉油，烧至五成热时，将鱼条挂上蛋清糊逐条投入油锅，炸至结壳捞出沥油。去除细碎部分，整理后复炸至表面呈微黄色即可捞出装盘。上桌随带1小碟花椒盐。（图2-4-5）

图2-4-4
图2-4-5

◆ 菜品标准

成品长6厘米、宽1厘米，外酥松、里鲜嫩，色泽微黄。

温馨提示

①改刀后的鱼条长短、粗细应一致。

②要控制好蛋清、盐、干淀粉、水的比例，调制成的蛋清糊不能过厚或过薄。

③油温宜控制在五成热左右。

🔺 相关链接

软炸

软炸是将质嫩、形小的原料，先用调料腌渍，再挂上蛋清糊、蛋黄糊或全蛋糊等软糊，投入温油锅炸制成熟的一种烹调技法。软炸菜肴的特点是口味清香，外酥松、里鲜嫩，色泽微黄。

软炸与干炸有两点区别。

一是调制的糊不同。处理干炸原料时不一定用糊，多以拍粉处理；如果用糊处理，以水粉糊为主。软炸则采用蛋清糊、蛋黄糊或全蛋糊等软糊。

二是菜品特点不同。干炸菜肴的特点是干香味重，外酥脆、里鲜嫩，色泽金黄。软炸菜肴的特点是口味清香，外酥松、里鲜嫩，色泽微黄。

任务五　软炸里脊

图2-5-1

♣ 原料组成

主料：猪里脊肉150克。

调料：蛋清2个，盐3克，味精2克，绍酒3克，葱末2克，姜末1克，面粉50克，湿淀粉20克，花椒盐1小碟。

◯ 制作步骤

①刀工成形。将猪里脊肉批成厚0.3厘米的片，在表面剞上一些浅刀纹，然后改刀成边长3厘米的菱形片。（图2-5-2）

②腌渍。将改刀成形的里脊片用盐、绍酒、味精、葱末、姜末腌渍。（图2-5-3）

③制糊。取面粉、湿淀粉，加入蛋清、盐，再加入适量冷水（应视主、配料含水量而定），抓透抓匀，调成蛋清糊。（图2-5-4）

④炸制。锅置于中火上，放入色拉油，烧至五成热时，将里脊片逐片挂好糊入锅炸制成熟，至表皮呈微黄色即可捞出沥干油装盘。上桌随带1小碟花椒盐。

（图2-5-5）

图2-5-2
图2-5-3

图2-5-4
图2-5-5

💎 **菜品标准**

成品外酥松、里鲜嫩，色泽微黄。

温馨提示

①猪里脊肉改刀应厚薄、大小一致。

②蛋清糊不能过厚或过薄。

③油温切忌过高，应掌握在五成热左右。

④掌握好炸制的时间和油温的高低，成品色泽不能太深。

🔺 **相关链接**

软炸里脊是一款老少皆宜的菜品，深受人们喜爱。此菜对操作的要求较高。第一，刀工成形时应批去猪里脊肉上的筋膜，腌渍要入味。第二，蛋清糊不能过厚或过薄，应掌握好炸制的时间和油温。此外，成品色泽是否符合要求也是检验此菜是否成功的一个重要指标。

任务六　绍式虾球

图2-6-1

原料组成

主料：浆虾仁75克，鸡蛋3个。

调料：盐1克，味精1.5克，湿淀粉50克，葱白段1小碟，甜面酱1小碟。

制作步骤

①制鸡蛋虾仁糊。鸡蛋磕入碗中，放入湿淀粉、盐、味精，打散后放入浆虾仁，搅拌均匀，待用。（图2-6-2）

②炸制。锅置于旺火上，下色拉油烧至七成热时，一边用筷子在油锅内顺一个方向划动，一边将鸡蛋虾仁糊从高处徐徐倒入油锅，炸至蛋丝酥脆时，迅速用漏勺捞起，沥去油，用筷子拨松装盘。上桌时配葱白段、甜面酱各1小碟。（图2-6-3）

图2-6-2
图2-6-3

蛋丝细如蓑衣丝且紧裹虾仁，色泽金黄，香松脆嫩。

温馨提示

①制鸡蛋虾仁糊时要掌握湿淀粉的投放量。
②必须正确掌握油温。

相关链接

　　绍式虾球又名绍式虾蛋、蓑衣虾球，简称绍虾球，是绍兴的传统名菜，已有100多年的历史。据史料记载，此菜原名为"虾肉打蛋"，是绍兴丁家弄福禄桥堍一爿专营绍兴正宗菜点的雅堂酒店的看家菜肴，因其风味独特而久销不衰，后经厨师进一步的研究改制发展成为现今的绍式虾球。此菜制作的关键在于掌握火候，经油炸后形成的细如蓑衣丝的蛋丝包裹住虾仁，色泽金黄，质地酥脆，在绍兴菜中独树一帜，因其操作要求极高，常被用来作为高级中式烹调师及以上级别的考试菜肴。

任务七　脆皮鱼条

图2-7-1

主料：净草鱼肉100克。

调料：盐3克，味精3克，胡椒粉1克，干淀粉20克，面粉100克，泡打粉5克，色拉油20克。

🍃 制作步骤

①刀工成形，腌渍。将净草鱼肉改刀成长7厘米、宽1厘米、厚1厘米的长条，用盐、味精、胡椒粉腌渍。（图2-7-2）

②制脆皮糊。将100克面粉、20克干淀粉加100克水调成糊状，然后加入20克色拉油、5克泡打粉，制成脆皮糊待用。（图2-7-3）

图2-7-2
图2-7-3

③炸制。锅置于中火上，加入色拉油，烧至五成热，将鱼条均匀地挂上糊入锅炸制成熟，至表皮金黄酥脆即可捞出沥油。（图2-7-4、图2-7-5）

图2-7-4
图2-7-5

💎 菜品标准

成品涨发饱满，色泽金黄，大小一致。

①改刀成形时鱼条应大小一致。

②制脆皮糊要掌握比例，尤其是泡打粉的量要合适。

③注意油温，下锅时应控制在五成热左右，炸制时防止油温过高。

④拌糊均匀，要使鱼条均匀地挂上脆皮糊。

相关链接

脆炸

　　脆炸常分为两种。一种是挂脆皮糊炸制，另一种是直接炸制成脆皮，分别称为"脆糊炸"和"脆皮炸"。

　　脆糊炸是将经过加工处理后的原料用调料腌渍，然后挂上脆皮糊入锅炸制成熟的一种烹调技法。菜肴特点是外酥脆、里柔嫩，涨发饱满，色泽金黄。在调制脆皮糊时要掌握好面粉、淀粉、水、色拉油和泡打粉的比例，切勿将糊搅拌上劲。同时，泡打粉不可放得过多，否则会产生涩味。

　　脆皮炸是将原料腌渍后，用沸水略烫一下，趁热将饴糖水或蜂蜜涂在原料表面上，晾干后再炸制的一种烹调技法。菜肴特点是外香脆、里鲜嫩，表皮呈金黄色或枣红色。在加工脆皮炸原料时切勿弄破原料表皮，否则易出现裂口现象。涂饴糖水或蜂蜜应趁热，并涂抹均匀，以免炸制时上色不匀。

任务八　脆皮香蕉

图2-8-1

原料组成

主料：香蕉2根。
调料：面粉200克，干淀粉50克，泡打粉2.5克，色拉油适量。

制作步骤

①刀工成形，拍粉。香蕉去皮，改刀成长1.5厘米的块，撒上一些干淀粉拌匀，插上牙签。（图2-8-2）
②制脆皮糊。将面粉、干淀粉加水拌和调匀，加入泡打粉搅匀，再加入适量色拉油搅拌均匀。（图2-8-3）

图2-8-2
图2-8-3

③炸制。锅置于中火上，加入色拉油，烧至五成热时，将香蕉块逐个挂好糊入锅炸制，成熟时捞出，去除碎末。待油温升至六成热时，再将炸好的香蕉块入锅复炸，至表皮酥脆、呈金黄色时捞出，沥去油，装盘即可。（图2-8-4、图2-8-5）

图2-8-4
图2-8-5

菜品标准

成品涨发饱满，色泽金黄，外脆内软，香甜可口。

①香蕉改刀应大小、长短一致。

②注意泡打粉的用量与脆皮糊的稀稠程度，挂糊要均匀。

③掌握好油温与火候。

相关链接

泡打粉

脆糊炸的关键是脆皮糊的调制，调制脆皮糊需要用到面粉、干淀粉、泡打粉等，泡打粉的多少是决定脆皮糊调制的重要因素。

泡打粉是由苏打粉配合其他酸性材料，以玉米粉为填充剂的白色粉末。泡打粉在接触水分后，酸性及碱性粉末同时溶于水中而起反应，会释放出二氧化碳气体，在加热过程中，又会释放出更多的气体，这些气体使制品膨大、酥松。根据反应速度的不同，泡打粉分为慢速反应泡打粉、快速反应泡打粉和双重反应泡打粉。慢速反应泡打粉在加热过程开始起作用，快速反应泡打粉在溶于水时即开始起作用，双重反应泡打粉兼有上述两种泡打粉的反应特性。一般市售的泡打粉是双重反应泡打粉。泡打粉虽然有苏打粉的成分，但是经过精密检测后加入了酸性粉（如塔塔粉）来平衡它的酸碱度，所以市售的泡打粉是中性粉。因此，泡打粉和苏打粉是不能随意替换的。作为泡打粉中的填充剂的玉米粉，主要是用来分隔泡打粉中的酸性粉末及碱性粉末，避免它们过早反应的。泡打粉在保存时应尽量避免受潮以免失效。

任务九　高丽香蕉

图2-9-1

♣ 原料组成

主料：香蕉2根，蛋清3个。
调料：干淀粉40克，绵白糖40克。

◐ 制作步骤

①刀工成形，拍粉。香蕉去皮，切成长1.5厘米的块，放入盛有干淀粉的盘中，再撒上干淀粉拌匀。（图2-9-2、图2-9-3）

图2-9-2
图2-9-3

②制蛋泡糊。蛋清抽打成泡沫状，打至泡细、色发白、倒置不会流出为好，加入干淀粉轻轻拌匀。（图2-9-4、图2-9-5）

图2-9-4
图2-9-5

③炸制。锅置于小火上，加入色拉油，烧至二成热时，将香蕉块逐个挂上蛋泡糊放入锅中炸制。先用筷子将香蕉块逐个翻动，然后用手勺不断翻动，小火慢炸至香蕉块呈鹅黄色时捞起装盘，撒上绵白糖即可。（图2-9-6～图2-9-9）

图2-9-6
图2-9-7

图2-9-8
图2-9-9

 菜品标准

香蕉块大小一致，色泽鹅黄，外松脆、里绵软。

温馨提示

①搅打蛋泡糊时要打得老，拌和干淀粉要适量，加入干淀粉后不能搅打。

②挂糊要均匀，掌握好油温，保持油温在二三成热，火力不能太旺。

③炸制时要注意色泽，要不断地翻动，防止出现"阴阳面"。

🔺 相关链接

松炸

松炸就是将质嫩、形小的原料用调料腌渍，再挂蛋泡糊入小火低温油锅中慢慢炸制成熟的一种烹调技法。松炸菜肴具有涨发饱满、口感松软、色泽嫩黄的特点。调制蛋泡糊，必须将蛋清全部打起来，不可有底液。松炸原料下锅时，油温不能过高，要多翻动，以保证制品受热均匀、色泽一致。

高丽香蕉是一道美味可口的传统名点，外松脆、里绵软，口味香甜，老幼皆宜。此菜因使用高丽糊，故名"高丽香蕉"。

任务十　芝麻里脊

图2-10-1

原料组成

主料：猪里脊肉250克。

配料：芝麻75克。

调料：盐1.5克，味精1.5克，绍酒5克，面粉15克，辣酱油2.5克，鸡蛋1个，胡椒粉5克，辣酱油1小碟，番茄沙司1小碟。

制作步骤

①刀工成形。猪里脊肉批成厚0.5厘米的大片，用刀拍松，纵横排斩。（图2-10-2）

②腌渍。将改刀、拍松、排斩后的里脊片加绍酒、盐、味精、辣酱油、胡椒粉腌渍片刻待用。

③蘸芝麻。腌渍好的里脊片两面蘸上面粉。鸡蛋磕入碗中打散，涂在里脊片两面，再均匀蘸上芝麻，揿实。（图2-10-3）

图2-10-2
图2-10-3

④炸制。热锅放入色拉油，烧至五成热时，逐片下入里脊片，拨动略炸，将锅端离火口"养"一会儿，然后再端回火口，待芝麻转色成熟后，用漏勺将里脊片捞起，改刀成长条块装盘。上桌时随带辣酱油、番茄沙司各1小碟。（图2-10-4、图2-10-5）

图2-10-4
图2-10-5

◈ 菜品标准

成品色泽金黄，外脆里嫩，鲜而微辣。

温馨提示

①里脊片大小、厚薄应一致。
②拍粉、涂蛋液、蘸芝麻要均匀。
③控制油温，掌握炸制技巧。

▲▲ 相关链接

香炸

香炸是炸制菜肴中运用比较普遍的一种技法。它是选用鲜嫩的动物性原料作为主料，经刀工处理成片状或茸泥状等，腌渍入味后，再拍粉，涂蛋液，蘸料（如面包糠、面包丁、芝麻、椰蓉、松子仁、花生仁等），然后用旺火热油炸制成熟的一种烹调技法。在烹饪行业中一般将蘸面包糠炸制的称为"板炸"或"吉利"。面包糠应选用无味面包糠或咸味面包糠，若使用甜味面包糠则易使成品色泽发黑。香炸菜肴具有松、香、嫩、鲜的特点，广受欢迎。

任务十一　鱼夹蜜梨

图2-11-1

🍀 原料组成

主料：带皮草鱼肉250克。

配料：蜜梨2个。

调料：盐1.5克，味精1克，绍酒2.5克，白糖10克，姜汁水2克，胡椒粉1克，鸡蛋2个，面粉20克，面包糠100克，辣酱油1小碟，番茄酱1小碟。

🍃 制作步骤

①刀工成形，腌渍。将带皮草鱼肉用斜刀片成12片蝴蝶片，加入盐、绍酒、味精、姜汁水、胡椒粉抓均匀。蜜梨去皮切成小薄片，蘸上白糖，夹在两片鱼片中间。（图2-11-2～图2-11-5）

图2-11-2
图2-11-3

图2-11-4
图2-11-5

②拍粉、涂蛋液、蘸面包糠。鸡蛋磕入碗中，加1克盐打散。鱼夹外面拍上面粉，涂蛋黄液，再蘸上面包糠，用手掌揿实，成鱼夹蜜梨生坯。（图2-11-6～图2-11-8）

图2-11-6
图2-11-7

③炸制。锅置于旺火上，放入色拉油，烧至五成热，将鱼夹蜜梨生坯逐块放入锅中炸制，至外层结壳捞起，待油温回升后，再复炸至呈金黄色。上桌时随带辣酱油、番茄沙司各1小碟。（图2-11-9）

图2-11-8
图2-11-9

◆ 菜品标准

成品色泽金黄，外壳酥脆，肉嫩鲜美，咸中带甜，别有滋味。

温馨提示

①鱼肉要批得厚薄均匀。

②拍粉、涂蛋液、蘸面包糠要一气呵成，面包糠蘸上后要轻轻揿实，以防脱落。

③油温适宜，防止炸焦。

相关链接

梨有"百果之宗"的称号，古时也称"宗果"。梨肉脆嫩多汁，香甜可口，含有丰富的果糖、葡萄糖和苹果酸等有机酸及多种维生素，以梨入馔的"鱼夹蜜梨"，别有风味。

任务十二　吐司鱼排

图2-12-1

原料组成

主料：带皮草鱼肉250克。

调料：鸡蛋2个，盐3克，味精1.5克，绍酒10克，辣酱油2克，胡椒粉1克，面包糠100克，面粉20克，花椒盐1小碟。

制作步骤

①刀工成形，腌渍。带皮草鱼肉去皮后加工成长8厘米、宽4厘米、厚0.2～0.3厘米的片，用盐、味精、胡椒粉、绍酒、辣酱油腌渍入味待用。（图2-12-2、图2-12-3）

②制蛋糊，蘸面包糠。鸡蛋磕入碗中，加盐打散。把腌渍的鱼片均匀地蘸上面粉后涂上蛋液，再蘸上面包糠，用手掌揿实，成鱼排状。（图2-12-4、图2-12-5）

③炸制。锅置于中火上，放入色拉油，烧至五成热，投入鱼排炸至呈淡黄色时捞出，待油温回升至六成热时再复炸，至外壳酥脆呈金黄色时捞出沥油，改刀成小条块装盘。随带花椒盐1小碟上桌。（图2-12-6、图2-12-7）

💎 菜品标准

成品色泽金黄，外酥脆、里鲜嫩。

①鱼片大小一致，厚薄均匀。
②油温不宜过高或过低。

🔺 相关链接

　　吐司鱼排传统的制作方法是将吐司面包切薄片，在薄片上粘上调制好的鱼茸，入锅炸熟，上桌随带调味碟。由于吐司面包薄片可以加工成长方形、菱形、桃形，就变化出了各种形状的吐司鱼排。现在，厨师对传统的制作工艺加以改良，将吐司面包薄片改成面包糠，将鱼茸改成鱼片，不仅操作更加简便，而且保留了传统吐司鱼排的风味。

任务十三　腐皮包黄鱼

图2-13-1

🍀 原料组成

　　主料：大黄鱼1条（500克），豆腐皮4张。
　　调料：鸡蛋1个，盐4克，味精1.5克，绍酒5克，葱末15克，花椒盐5克，干淀粉15克，醋1小碟，番茄酱1小碟。

①刀工成形。大黄鱼宰杀洗净，从脊椎骨两侧取下带皮鱼肉，切成长7厘米、宽2厘米、厚1厘米的条，放入碗中。（图2-13-2、图2-13-3）

图2-13-2
图2-13-3

②腌渍。分开打散蛋清和蛋黄。在鱼肉碗中加入盐、味精、绍酒、蛋清、葱末和干淀粉拌匀，腌渍入味。（图2-13-4）

③卷包成形。豆腐皮用湿毛巾润潮回软，撕去边筋，逐张摊平，将腌渍好的鱼肉摆放在每张豆腐皮的一端，逐一卷成直径2.5厘米的筒状长条，用蛋黄液封口。用手略按，再斜切成长4厘米的菱形块。（图2-13-5、图2-13-6）

图2-13-4
图2-13-5

④炸制。锅置于旺火上，放入色拉油，烧至三四成热时，逐个投入鱼卷，不时翻动，炸至呈淡黄色时捞起，待油温回升后再复炸，炸至呈金黄色时捞起装盘，撒上花椒盐。随带醋、番茄酱各1小碟上桌。（图2-13-7）

图2-13-6
图2-13-7

菜品标准

成品色泽金黄，豆腐皮酥脆，鱼肉馅鲜嫩，香味四溢。

相关链接

卷包炸

卷包炸是将加工成片、条、丝形，或粒、泥状的无骨原料，用调料拌匀，再用包皮料包裹或卷裹起来，入锅炸制成熟的一种烹调技法。卷包炸菜肴具有外酥脆、里鲜嫩的特色。用于包裹、卷裹的包皮料一般有蛋皮、猪网油、豆腐皮、面皮、千张、糯米纸等。

腐皮包黄鱼是浙江宁波地区的名菜，是卷包炸菜肴，至今已有百余年历史。

任务十四　炸响铃

图2-14-1

主料：豆腐皮2张，猪瘦肉50克。

调料：盐1克，味精1.5克，绍酒2克，蛋黄1/4个，花椒盐1小碟，甜面酱1小碟，番茄沙司1小碟，葱白段1小碟。

制作步骤

①原料处理。豆腐皮润潮后去边筋，1张豆腐皮对半切成2张，再修切成长方形。猪瘦肉剁成肉泥，放入碗内，加盐、绍酒、味精和蛋黄搅成肉馅，分成4份。（图2-14-2、图2-14-3）

图2-14-2
图2-14-3

②卷包成形。取修切好的豆腐皮1张，摊平在案板上，将1份肉馅放在豆腐皮的一端，用刀口将肉馅摊成宽3.5厘米的条，放上切下的碎豆腐皮，卷成筒状，卷合处蘸上少许蛋黄液使之粘牢，如此卷成4卷待用。（图2-14-4、图2-14-5）

图2-14-4
图2-14-5

③刀工成形。将卷好的半成品切成长3.5厘米的段，成响铃初坯，直立放置于盘中待用。（图2-14-6、图2-14-7）

图2-14-6
图2-14-7

④炸制。锅置于中火上，下入色拉油加热到四五成热（约120℃）时，将响铃初坯分散放入锅中炸，用手勺不断翻动，炸至黄亮松脆，用漏勺捞出沥干油，装盘。上桌随带花椒盐、甜面酱、番茄沙司、葱白段各1小碟。（图2-14-8、图2-14-9）

图2-14-8
图2-14-9

◆ **菜品标准**

响铃段长3.5厘米、宽2厘米，色泽金黄，酥松可口，鲜香味美。

①肉馅用量适宜，涂塌厚薄均匀，以免影响成熟和酥脆度。

②包卷时不宜太松或太紧，切好的响铃初坯宜直立放置。

③炸时油温不宜太高，应不断翻动，使之不焦、不软、不"坐油"。

温馨提示

相关链接

炸响铃这道菜，全国各地都有，但以浙江杭州的炸响铃最为著名。相传这道菜很早以前不是现在的形状，也不叫炸响铃。一次，有位英雄豪杰进店专点这道菜下酒。不巧豆腐皮原料刚刚用光。英雄不愿败兴，听说豆腐皮是在杭州偏远的富阳泗乡定制的，即上马扬鞭，取回了豆腐皮。店主深为感动，为他精心烹制，并特意做成马铃形状。从此，炸响铃就流传开了。如今，浙江各地各家餐馆都有炸响铃这道菜，风味不同，做法也不同，各有特色。

任务十五　炸烹里脊丝

图2-15-1

原料组成

主料：猪里脊肉200克。
调料：绍酒4克，酱油5克，醋20克，白糖20克，盐2克，干淀粉50克。

制作步骤

①刀工成形。将猪里脊肉批成厚0.3厘米的片，再切成长8厘米的丝。（图2-15-2）

②腌渍。将里脊丝用2克盐、2克绍酒腌渍。

③调味汁。将白糖、醋、酱油、绍酒调成味汁待用。

④拍粉。将里脊丝拍上干淀粉待用。（图2-15-3）

⑤炸制。锅置于旺火上，放入色拉油，烧至五成热时，投入拍粉后的里脊丝炸至结壳捞出，待油温至六成热时再复炸至酥硬捞出沥油。（图2-15-4）

⑥烹制。将炸制好的里脊丝重新回锅，烹入味汁，颠翻均匀出锅装盘。（图2-15-5）

图2-15-2
图2-15-3

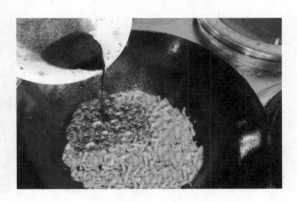

图2-15-4
图2-15-5

◆ 菜品标准

里脊丝长8厘米，粗细均匀，外脆里嫩，口味酸甜适中。

温馨提示

①里脊丝长短、粗细均匀一致。

②初炸时油温控制为五成热，复炸时为六成热；炸制前先抖去多余的干淀粉。

③调制味汁时注意不加湿淀粉。

🐚 相关链接

烹

烹是京菜、鲁菜常用的烹调技法。"烹"是"炸"的进一步深化或转变，其最大的特点是"逢烹必炸"，也就是说烹制的原料都必须先经过油炸或油煎成熟，然后用兑好的味汁快速翻炒成熟。根据成熟方式，烹可分为炸烹、煎烹等种类。根据菜肴的要求，炸烹的原料一般需加工成片、条、块、段及自然形态，所用的味汁一般是清汁（不加淀粉勾芡）。使用清汁是烹的一大特色。烹制菜肴的特点是外酥香、里鲜嫩，味型多样，爽口不腻。

　　熘，也称溜，是一种基本的中式烹调技法。南北朝时期的"白菹"法和"臆鱼"法，是熘制技法的雏形。宋代的"醋鱼"，为后来熘制技法的确立奠定了操作基础。明代开始，熘成为独立的烹饪技法，也称搂。清代的菜谱上出现了熘制菜肴的名称，在袁枚的《随园食单》中有"醋搂鱼"，在童岳荐编撰的《调鼎集》中有"醋熘鱼"。　明代以前，熘制的调料多以酒、酱、醋等为主。明代以后，出现了酸咸、香糟、糖醋等不同风味的特色菜肴。熘是我国烹调技法中较有特色的技法，人们运用这种烹调技法，创造出了许多享有盛誉的名菜，如西湖醋鱼、松鼠鳜鱼、金毛狮子鱼、葡萄鱼、咕咾肉、焦熘里脊等。

　　熘，就是将加工处理后的原料，经油炸、滑油、汽蒸或水煮等方法加热成熟，然后将调制好的卤汁浇淋于原料之上，或者将原料投入调制好的卤汁中翻拌成菜的一种烹调技法。操作时，要求选料严谨，刀工精致，火候独到，芡汁适度，这样才能保持菜肴焦脆、酥香、软滑、鲜嫩、汁亮、味美等。一般来说，熘制技法分为三个步骤：制熟主料，制作熘汁（芡汁），混合主料与熘汁。根据熘制阶段的不同，熘通常分为三种。

　　第一种是浇汁熘法。原料加热成熟后，盛到餐具中，将烹调好的芡汁浇淋在原料上。以"西湖醋鱼"为例，整条鱼经水煮、调味后，盛到鱼盘中，将烹调好的酸甜汁浇淋在鱼身上即可。

　　第二种是兑汁熘法。在原料加热的过程中，根据菜肴的口味要求，将所需调料调制在一起，成为芡汁；原料加热成熟后，将原料放入加了底油的锅中翻炒，泼入兑好的芡汁，使芡汁成熟并均匀地挂在原料表面。

　　第三种是卧汁熘法。原料加热成熟后，先用漏勺捞起，沥净油或水，然后在锅中调制芡汁，芡汁浓稠成熟后（有黏性）放入原料，迅速翻炒均匀。

　　熘制技法的种类很多，根据原料加热成熟方法不同可分为滑熘、脆熘和软熘；根据色泽可分为白熘、红熘和黄熘；根据口味还可分为醋熘、糟香熘和糖醋熘等。

　　本项目重点介绍滑熘和脆熘两种熘制技法及典型菜品，可引导学生了解南北烹饪技法和饮食制作习俗的差异与联系，感悟中国烹饪文化、饮食文化的广博，由简单到丰富，不断传承、汇聚与创新。

任务一 熘鱼片

图3-1-1

原料组成

主料：净草鱼肉200克。

调料：白糖20克，醋20克，盐2克，蛋清1个，绍酒5克，酱油5克，湿淀粉40克。

制作步骤

①改刀成形。净草鱼肉批成长5厘米、宽2.5厘米、厚0.4厘米的片。（图3-1-2）

②腌渍。将鱼片用盐、蛋清、20克湿淀粉拌匀，腌渍上浆。（图3-1-3）

图3-1-2
图3-1-3

③滑油。锅烧热滑锅后，加入色拉油，烧至90℃时，放入鱼片用筷子轻轻划散，待鱼片转白时捞出。（图3-1-4）

④烹制。原锅置于中火上，加入少量水、白糖、酱油、绍酒、醋，锅沸时用余下的湿淀粉勾芡，放入鱼片，用手勺轻轻地推匀，淋上明油即可。（图3-1-5）

图3-1-4
图3-1-5

◆ 菜品标准

成品色泽淡红明亮，芡汁均匀略长，口味酸甜，鱼片滑嫩，片形大小均匀完整、不碎。

温馨提示

①鱼片上浆要上劲，滑油时油温不宜过高。
②滑油及勾芡时用力要轻，防止鱼片破碎。
③芡汁不能太厚，并且要宽一些。

▲▲ 相关链接

滑熘

滑熘与滑炒相似，选料均为鲜嫩的肌肉组织，改刀为片、条、丁、丝、粒的小型材料，成形后的原料均需经过上浆、滑油等工艺，区别在于口味与芡汁有所不同，滑熘菜肴芡汁较长。

熘鱼片是鲁菜中的传统菜品，清朝年间已在山东沿海地区流行。此菜的刀工、火候、造型都比较讲究，技术难度较大。

任务二　抓炒豆腐

图3-2-1

原料组成

主料：豆腐250克。

调料：酱油20克，白糖15克，醋15克，蒜末8克，湿淀粉15克，面粉100克，麻油5克。

制作步骤

①刀工成形。将豆腐切成长4.5厘米、宽1.3厘米、厚1.3厘米的条。（图3-2-2）

②调芡汁。取一只小碗，放入酱油、白糖、醋、20克水、湿淀粉，调成芡汁。（图3-2-3）

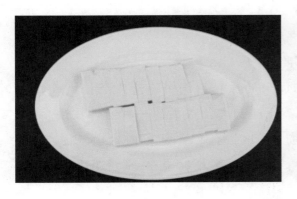

图3-2-2
图3-2-3

③拍粉。豆腐条滚上面粉，排列在盘中。（图3-2-4）

④炸制。锅置于旺火上，倒入色拉油，烧至170℃时，将拍好粉的豆腐条下

锅炸至表面结壳捞起，待油温升高，再入锅复炸至表皮呈金黄色时捞出待用。（图3-2-5）

图3-2-4
图3-2-5

图3-2-6

⑤烹制。原锅中留少许底油，投入蒜末煸香，倒入芡汁，推至稠浓，放入豆腐条，轻轻颠翻，使豆腐条挂上卤汁，再淋上麻油，即可出锅装盘。（图3-2-6）

 菜品标准

成品外脆里软，色泽红亮，酸甜适口，芡汁紧包。

温馨提示

①拍粉要均匀，而且要现拍现炸。
②要先勾糊芡，后下豆腐条。芡汁要少，量以包住豆腐条为准。
③口味为轻糖醋，所用的白糖、醋的量比糖醋里脊要少近一半。

相关链接

脆熘

脆熘，又称炸熘、焦熘，就是将刀工成形的原料用调料腌渍，经挂糊或拍粉后，投入热油锅中炸至松脆，再浇淋或包裹上酸甜卤汁成菜的一种烹调技法。

从理论上定义，抓炒实质上是脆熘。旧时宫廷菜中有四大抓炒：抓炒虾仁、抓炒鱼片、抓炒腰片、抓炒里脊。抓炒鱼片，是按照清宫御膳房的抓炒技法烹制出的一道名菜。御厨王玉山因研制出四大抓炒被人称为"抓炒王"。"旧时王谢堂前燕，飞入寻常百姓家"，曾经只有皇宫才能吃到的菜肴已经变成老百姓的家常菜了。

任务三　菊花鱼块

图3-3-1

原料组成

主料：带皮净草鱼肉400克。

调料：干淀粉150克，葱末、姜末、蒜末各5克，番茄酱50克，白糖50克，白醋30克，盐4克，绍酒5克，胡椒粉2克，湿淀粉15克。

制作步骤

①刀工成形。在带皮净草鱼肉的肉面上剖细十字花刀，深至鱼皮处（不要剖断），再改刀成正方形鱼块。（图3-3-2）

②腌渍。鱼块用2克绍酒、2克盐、胡椒粉拌匀腌渍。

③拍粉。 在腌渍好的鱼块上拍上干淀粉，使鱼块刀口处丝丝条条分开。（图3-3-3）

图3-3-2
图3-3-3

④炸制。锅置于旺火上，加入色拉油，烧至180℃时投入拍好粉的鱼块，炸至结壳定形捞起，待油温升至200℃时进行复炸，炸至呈金黄色时捞起，沥尽油，装盘。（图3-3-4、图3-3-5）

图3-3-4
图3-3-5

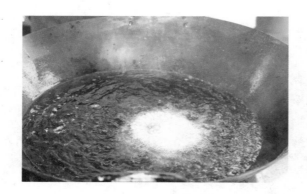

图3-3-6

⑤调芡汁。原锅中留30克底油，放入葱末、姜末、蒜末、番茄酱稍炒，再加入绍酒、白糖、盐、水待沸，加入白醋，用湿淀粉勾芡起泡，加明油推匀浇淋在鱼块上。（图3-3-6）

 菜品标准

成品形似菊花，色泽红亮，外脆里嫩，口味酸甜。

温馨提示

①剞细十字花刀时要求粗细均匀、深浅一致。
②拍粉要均匀，鱼块拍粉后要马上炸制，不宜久放，否则花纹会并在一起。
③两次炸制时应掌握好油温，第一次为180℃，第二次为200℃。

相关链接

菊花鱼块是一道传统名菜，成菜宛如一朵朵盛开的菊花，造型逼真，色泽鲜艳，散发出阵阵诱人的香气，吃起来外脆里嫩、酸甜爽口。菊花鱼块的制作过程并不复杂，但在技术上却有很大的难度，它集原料选择、刀工处理、糊粉处理、火候掌握、油温控制、调味勾芡等技巧于一体，能够充分体现厨师的基本功。

任务四　糖醋里脊

图3-4-1

原料组成

主料：猪里脊肉250克。

调料：绍酒20克，盐3克，面粉10克，湿淀粉40克，白糖25克，白醋25克，葱段5克，麻油10克。

制作步骤

①刀工成形。将肉批成厚0.5厘米的大片，用刀来回轻拍一下，切成长3.3厘米、宽1.7厘米的骨牌块。（图3-4-2）

②腌渍，挂糊。用5克绍酒、盐拌匀腌渍，再用25克湿淀粉、10克面粉拌匀待用。（图3-4-3）

图3-4-2
图3-4-3

③调芡汁。取一只小碗，加入酱油、白糖、白醋、15克绍酒、15克湿淀粉、25克水调成芡汁待用。（图3-4-4）

④炸制。锅置于旺火上，加入色拉油，烧至170℃时，将挂好糊的里脊块逐块入锅炸约1分钟捞出，待油温升至200℃时，再复炸1分钟，至呈金黄色时捞出沥油。（图3-4-5）

图3-4-4
图3-4-5

图3-4-6

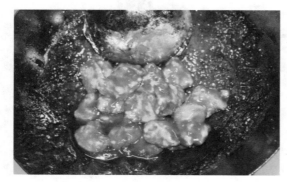

⑤烹制。原锅中留15克底油，放入葱段，煸出香味，将炸好的里脊块随即下锅，迅速冲入调好的芡汁，颠翻炒匀，待芡汁均匀地包裹住里脊块时，淋上麻油，出锅装盘即可。（图3-4-6）

 菜品标准

成品外脆里嫩，色泽红亮，酸甜适口。

温馨提示

①第一次炸时，油温不宜过高，否则容易爆油。

②掌握好调制芡汁的调料比例，菜肴的口味是先甜后酸再咸，芡汁必须紧包菜肴。

相关链接

熘在旺火速成方面与炒相似，不同的是熘制所用的芡汁要多一些，使主料与配料在明亮的芡汁中交融在一起。熘制菜肴的味型多样且味道较浓厚，一般以酸甜居多。另外，熘制菜肴的原料一般为块状，有时甚至用整料。

任务五　松鼠鱼

图3-5-1

♣ **原料组成**

主料：鲜活鳜鱼1条（750克）。

配料：香菇丁20克，青豆15克。

调料：葱白末10克，姜末5克，蒜末5克，番茄酱100克，白糖75克，绍酒20克，醋50克，盐1.5克，干淀粉75克，湿淀粉35克。

◯ **制作步骤**

①刀工成形。鲜活鳜鱼宰杀剖洗干净后，从胸鳍处斜切下鱼头，从嘴后剖开，用刀面轻轻拍平待用。用刀沿脊椎骨两侧平批至离尾3.5厘米，斩去脊椎骨，鱼皮朝下，批去胸刺。在鱼肉上先直剞，刀距1厘米，后斜剞，刀距3.5厘米，成菱形状。（图3-5-2～图3-5-4）

图3-5-2
图3-5-3

②腌渍，拍粉。 鱼肉用10克绍酒、盐拌匀腌渍。鱼头、鱼身拍上干淀粉，提起鱼尾，抖去余粉待用。（图3-5-5）

图3-5-4
图3-5-5

③调芡汁。将番茄酱放入碗内，加100克水、白糖、醋、湿淀粉调和成芡汁待用。

④炸制。锅置于旺火上，加入色拉油，烧至200℃时，拿着鱼尾让鱼身先下锅，再下入鱼头，炸至淡黄色捞出，再复炸至金黄色，捞出放在腰盘中，拼成松鼠形。（图3-5-6）

⑤烹制。另取锅置于旺火上，放入色拉油20克，下葱白末、姜末、蒜末、青豆、香菇丁炒透，倒入芡汁拌匀，加50克沸油推匀，冒大泡时，迅速浇在鱼上即可。（图3-5-7）

图3-5-6
图3-5-7

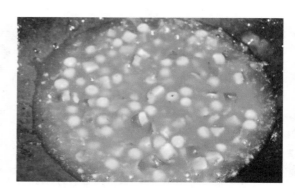

 菜品标准

成品形象逼真，外脆里嫩，酸甜可口。

①平批必须紧贴脊椎骨，去脊椎骨时尾不可断。

②剞刀时不能破皮，抖去余粉时不能掉鱼肉，否则影响外形。

③要用旺火热油定形炸制。

④甜酸口味并重。

温馨提示

清代《调鼎集》中有关于"松鼠鱼"的记载："取季鱼,肚皮去骨,拖蛋黄,炸黄,作松鼠式。油、酱油烧。"季鱼,应是季花鱼,即鳜鱼。如今的这道松鼠鱼正是在之前松鼠鱼的基础上发展起来的。不同的是,古代传统的松鼠鱼是挂蛋黄糊,而如今的松鼠鱼是拍干淀粉。古代传统的松鼠鱼是在炸后加"油、酱油烧"成的,如今的做法则是在炸好后直接将调制好的卤汁浇上去的。此外,如今的松鼠鱼在造型上更为逼真,味道酸甜可口,这些都是古代传统的松鼠鱼难以比拟的。

任务六　咕咾肉

图3-6-1

原料组成

主料: 猪里脊肉200克,菠萝肉50克。

调料:盐1.5克,绍酒5克,鸡蛋半个,湿淀粉40克,葱段5克,蒜泥0.5克,糖醋汁50克,麻油10克。

(糖醋汁调料:白醋80克,番茄沙司30克,喼汁10克,白糖65克,盐1克。)

制作步骤

①刀工成形。将猪里脊肉批成厚0.7厘米的片,用刀在肉片上交叉排斩后,再切成宽2.5厘米的长条,然后切成菱形块。菠萝肉也切成菱形块。(图3-6-2)

②腌渍，拍粉。里脊块中加盐、绍酒拌匀，腌渍15分钟。在腌好的里脊块中加入蛋液拌匀，然后加入25克湿淀粉抓拌上劲，再逐块拍上干淀粉备用。（图3-6-3、图3-6-4）

图3-6-2
图3-6-3

③调糖醋汁。碗内加入白醋、白糖、番茄沙司、喼汁、盐，调匀备用。（图3-6-5）

图3-6-4
图3-6-5

④炸制。锅置于中火上，加入色拉油，烧至150℃时，把拍好粉的里脊块倒入锅中炸制，熟时捞出。待油温升高至180℃时，再复炸至金黄色，捞出沥油。（图3-6-6）

⑤烹制。原锅留底油，下蒜泥、葱段，炒出香味，加入糖醋汁，加入湿淀粉勾芡，放入里脊块和菠萝块，淋上麻油，颠翻数下，挂匀芡汁即可装盘。（图3-6-7）

图3-6-6
图3-6-7

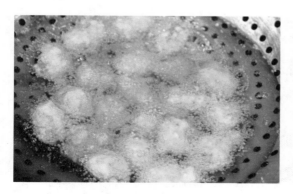

成品色泽红亮，外脆里嫩，酸甜适口。

温馨提示

①里脊片不能太厚，并需要拍松，使肉能吸水和入味。

②里脊块要先上浆上劲，再拍干淀粉。

③口味酸甜适中，芡汁紧包。

相关链接

　　咕咾肉又名咕噜肉，有关它名字的来源有两种说法。第一种是说由于这道菜以酸甜味汁烹调，上菜时香气四溢，令人禁不住"咕噜咕噜"地吞口水，因而得名。第二种是说这道菜历史悠久，称为"古老肉"，后谐音转化成"咕咾肉"。

任务七　熘鱼扇

图3-7-1

原料组成

　　主料：带皮净草鱼肉300克。

　　调料：白糖30克，酱油10克，醋25克，干淀粉50克，面粉60克，绍酒10克，盐2克，蒜泥、葱段各3克，湿淀粉15克，胡椒粉1克。

①刀工成形。将带皮净草鱼肉用斜刀批成厚0.3厘米的扇片。（图3-7-2）
②腌渍。鱼片用盐、胡椒粉、绍酒拌匀腌渍。（图3-7-3）

图3-7-2
图3-7-3

③调糊。取一只碗，将干淀粉及面粉用50克水调成糊。
④炸制。锅置于中火上，加入色拉油，烧至180℃时，将鱼片挂上糊入锅炸至结壳时捞出。捡去碎渣，待油温升至200℃时，复炸至金黄色捞出，在盘中排成扇形。（图3-7-4～图3-7-6）

图3-7-4
图3-7-5

图3-7-6

⑤烹制。锅留底油，投入蒜泥炒出香味，加入绍酒、白糖、酱油、水、醋及湿淀粉勾芡，淋入明油，浇在鱼片上。

菜品标准

成品色泽红亮，芡汁略长，口味酸甜适口，鱼片外脆里嫩，大小均匀一致。

温馨提示

①挂糊不能过厚，否则影响口感。
②芡汁要掌握好色泽及厚度。

相关链接

　　脆熘是将原料腌渍入味，经挂糊或拍粉炸脆。成品外脆里嫩，炸制时间较长，油温较高，通过炸制实现外脆里嫩的效果。调汁勾芡是脆熘最富有"魅力"的内容。脆熘使用的芡汁是油性糊芡，油含量将近1/3，这是熘制技法的典型特征。

在中式烹调技法中，水烹法是常用的烹调方法，指通过水将热能以热对流的方式传递给烹饪原料，菜肴的主要成熟过程是以水作为传热介质的烹调方法。采用水烹法制作的菜肴或软嫩，或酥烂，或原味浓郁，或汤汁澄清，汤菜相辅相成，相得益彰。常见的水烹法有煮、烧、焖、炖、燣、氽等。

本项目重点介绍煮、烧、焖三种烹调技法和典型菜品，以及这些烹调技法的操作要领、技术关键和相关知识，通过学习学生可了解水烹法的历史渊源、流派特色、名店名菜名人等方面的知识，从而进一步增强学习烹饪技术的兴趣和敬业精神。

任务一　鱼头浓汤

图4-1-1

🍀 原料组成

主料：净鲢鱼头半个（750克）。

配料：姜块20克，熟火腿肉20克，葱结10克，菜心4个。

调料：绍酒5克，盐10克，味精5克。

①刀工成形。在鱼头的脊背肉处斜剞一刀，鳃肉处剞一刀，用水洗净。姜块去皮拍松。菜心洗净。熟火腿肉切成长5厘米、宽3厘米、厚0.1厘米的薄片。（图4-1-2）

②煎制。锅置于旺火上烧热，滑锅后下入熟猪油，至六成热时，鱼头剖面朝上放入锅中略煎。（图4-1-3）

图4-1-2
图4-1-3

③煮制。翻转鱼头，烹入绍酒，放入葱结、姜块，加1750克沸水，盖上锅盖，用旺火煮5分钟。（图4-1-4）

图4-1-4

④调味。撇去浮沫，加入盐、味精、菜心，略滚。

⑤装盛。将鱼头、菜心捞出盛入品锅，捞去汤中的葱结、姜块，将汤用细筛过滤后倒入品锅，盖上熟火腿肉片即可。

菜品标准

成品汤浓如奶，鱼头肉质油润嫩滑，鲜美可口，色泽美观。

温馨提示

①煮制中途不可开盖或加水。
②煮制时不可过早加入盐，汤浓白后再调味。

煮

煮是指将加工后的原料（有时是生料，有时是经过初步熟处理的半成品）放入水或鲜汤中，先用旺火烧沸，再转用中小火加热成熟的一种烹调技法。煮制菜肴具有汤宽、汁浓、味醇等特点。

任务二　红烧鱼块

图4-2-1

原料组成

主料：净鲢鱼肉400克。

调料：蒜15克，姜10克，葱15克，酱油30克，绍酒15克，味精2克，白糖15克，盐2克。

制作步骤

①刀工成形。取净鲢鱼肉，在最厚处直切一刀深至1/2，再将鱼肉转90°，仍用直刀剞的刀法，间距2厘米剞成与直刀刀纹垂直的平行刀纹。姜、蒜切片待用。（图4-2-2）

②煎制。锅置于中火上烧热，滑锅后下入熟猪油，至七成热时，把鱼肉鱼皮朝下入锅煎制，至外皮结壳呈金黄色时取出。（图4-2-3）

图4-2-2
图4-2-3

③烧制。锅内放姜片、蒜片煸香，再将鱼肉煎黄的一面朝上放入，加绍酒、酱油、白糖、盐、葱和适量水，烧沸后盖上锅盖，用小火烧5分钟，再移到旺火上收稠汤汁，加入味精，出锅装盘。汤汁浇在鱼块上，撒上葱花即可。（图4-2-4）

图4-2-4

 菜品标准

成品色泽红亮，鱼形完整，味香浓醇。

温馨提示

①煎制前锅要烧热，滑锅以防鱼肉粘锅脱皮。

②收汁时要多旋锅，防止结底烧焦。

相关链接

烧

烧是指将经过初步熟处理后的原料加入适量的汤汁和调料，先用旺火烧开，再用中小火慢慢烧至入味，最后用旺火收稠卤汁的一种烹调技法。烧通常分为红烧、白烧、干烧三种。另外，根据调料和加工器具选用的不同有酱烧、葱烧、锅烧等其他多种分类。

任务三　红烧卷鸡

图4-3-1

🍀 原料组成

主料：豆腐皮21张，水发笋干250克，水发香菇10克，菜心30克，熟笋片50克。

调料：酱油15克，白糖15克，味精3克，素菜汤250克，麻油10克。

🥚 制作步骤

①卷制。香菇批片，水发笋干剪去老头，撕成丝，豆腐皮用湿毛巾润潮，撕去边筋，3张一帖地横放在砧板上，相互间有一半重叠。笋干丝放在豆腐皮下端排齐，从下向上卷成直径为2.5厘米的长条，切成长4厘米的段，即成卷鸡段。（图4-3-2）

②炸制。锅置于旺火上，下色拉油，烧至150℃时，放入卷鸡段，炸至金黄色时，用漏勺捞出。（图4-3-3、图4-3-4）

图4-3-2
图4-3-3

③烧制。锅内留少许底油，将熟笋片、香菇片倒入锅内略煸炒，放入酱油、白糖、素菜汤和卷鸡段同煮3分钟。等汤汁收浓到1/5时，再加入味精和焯熟的菜心，出锅装盘，淋上麻油即可。（图4-3-5）

图4-3-4
图4-3-5

 菜品标准

成品柔软，鲜嫩，浓香。

 温馨提示

①笋干要用水漂去咸味。

②笋干丝不宜太粗。

③卷制卷鸡段时不宜太松。

🔺🔺 相关链接

红烧

　　红烧是指将经过初步熟处理的原料放入锅中，加入有色调料和汤汁，先用旺火烧沸，再用中小火烧至入味，最后用旺火收稠卤汁的一种烹调技法。成菜色泽红亮，质地软嫩，汁浓味厚。红烧菜肴有以下几点需要注意。

　　一是选料加工。选好料是做好红烧菜肴的前提。例如，红烧肉宜用五花肉，红烧肘子宜用前肘，红烧鸡宜用隔年公鸡，红烧鱼宜用1000克的鲤鱼等。原料应新鲜，无变质，无异味。加工时应根据原料特点，可以整料，也可以切片、切块、切段，要整齐划一、大小一致、厚薄均匀，以便烹调入味。

　　二是肉要煸透，鱼要煎香。所谓煸透，就是指将锅内所有的肉煸炒变色，肥肉冒油，有亮光。一般在市场上买的肉，最好先用水焯一下，再煸炒，避免嘌呤过高，对人健康不利。煸炒时不要放太多油。如果做红烧鱼，要煎至两面金黄，表面有一层薄薄的硬皮。

　　三是先上色，后加水，一步到位。当原料煸炒或煎好后，另起净锅，锅内放油，烧热后应先倒入绍酒、酱油等调料。等酱油的颜色附着在原料上后，再加汤或水。汤、水一次加足，中途不要续水，要盖上锅盖。烧肉时汤、水最好淹过原料，烧鱼时汤、水可以少一些。收汁不要过紧，过紧汤汁浓稠，会失去红烧菜肴的特色。勾芡也不要过浓，可勾少许湿淀粉，使汁明芡亮，主料突出。烧制时两头用旺火，中间用中小火，下主料用旺火烧开，撇净浮沫（减少嘌呤），调好口味，再用中火慢慢焖煮，烧至原料酥烂，使味汁渗入原料内部，最后用旺火收浓汤汁。

四是调色，调味。红烧菜肴的初步上色，是与烹调加工同时达到的。红烧鱼过油时即炸成浅红色，在正式烹调时上色需借助糖色、酱油、绍酒、葡萄酒等提色，但注意不要上色过重，以免影响色泽。红烧菜肴口味以鲜咸为主，略带甜味，主要是用酱油调味，白糖的用量要适度，宜少不宜多。

五是小火肉，急火鱼。原料接近酥烂时，要立即转入旺火收浓汤汁。此时，应及时调整菜肴口味，确保菜肴成熟时口味准确，色泽红亮，汤汁浓稠。

任务四　红烧丸子

图4-4-1

🍀 原料组成

主料：净猪夹心肉（七分瘦三分肥）300克。

配料：荸荠30克。

调料：绍酒10克，湿淀粉20克，酱油20克，葱、姜少许，姜汁水适量，白糖8克，味精2克，盐2克。

◐ 制作步骤

①刀工成形。净猪夹心肉切片，斩成肉末。葱、姜、荸荠切末待用。

（图4-4-2）

②丸子成形。肉末放入碗中，加3克绍酒、姜汁水、葱末、姜末、荸荠末、2克盐、8克酱油搅打上劲，加20克湿淀粉拌匀，挤成直径为3厘米的丸子。（图4-4-3）

图4-4-2
图4-4-3

③炸制。锅烧热，加入色拉油，烧至五成热时下入丸子，炸至外壳金黄时捞起，沥去油待用。（图4-4-4）

④烧制。锅洗净后加100克水、7克绍酒、12克酱油、8克白糖，旺火煮开后放入丸子，转小火烧至入味，待卤汁稠浓时，加入味精，出锅装盘。（图4-4-5）

图4-4-4
图4-4-5

 菜品标准

成品色泽红亮，丸子鲜嫩，原汁原味突出。

①炸制时油温必须达到五成热以上，否则丸子易变形。

②丸子不宜过大。

③卤汁不宜过多。

温馨提示

红烧菜肴的操作要领

红烧菜肴的原料大多先进行表层处理，以去除部分腥膻异味，改变原料表面的质地和色泽。

投放调料必须准确、适时，并注意投放顺序。

掌握好菜肴的成熟度，适时勾芡。

任务五　干烧四季豆

图4-5-1

原料组成

主料：四季豆500克。

配料：虾米25克，熟火腿肉末15克，榨菜15克。

调料：盐5克，味精1克，绍酒5克，白糖2克，麻油5克。

制作步骤

①刀工成形。将四季豆去掉两头，去掉豆筋，切成长5厘米的段，洗净沥水。虾米放在水中浸泡回软，切成末。榨菜切成末。（图4-5-2、图4-5-3）

②炸制。锅中放入色拉油，在旺火上烧至五成热，倒入四季豆段，待炸至断生、表面起泡时捞出沥油。（图4-5-4、图4-5-5）

图4-5-2
图4-5-3

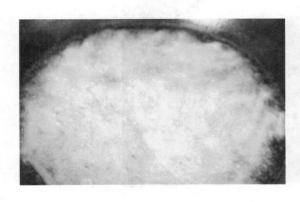

图4-5-4
图4-5-5

③烧制。 原锅留少许底油，下虾米末、榨菜末稍煸炒，随即加入四季豆段，烹入绍酒、盐、白糖、味精及适量水，转小火烧片刻，待四季豆入味，再转旺火收汁至将尽，撒上熟火腿肉末，淋上麻油炒匀，装盘即可。

💎 菜品标准

成品色泽翠绿，质地脆嫩，清香鲜美。

①烹调前应将豆筋去除，否则既影响口感，又不易消化。

②四季豆食用前可用沸水焯透或用热油煸熟，要保证四季豆熟透。

③汤汁要恰到好处。

温馨提示

🔺 相关链接

干烧

干烧是指菜肴在烧制过程中用中小火加热并基本收干汤汁，使菜肴见油不见汁的一种烹调技法。干烧常用泡红辣椒、蒜末、姜末等调料以及猪瘦肉、榨菜等配料。

四季豆中的有毒成分主要是皂苷和胰蛋白酶抑制物。如果四季豆未煮熟，其中的皂苷会强烈刺激消化道。此外，四季豆中还含有亚硝酸盐和胰蛋白酶抑制物，可刺激肠胃，使人食物中毒，出现胃肠炎症状。

任务六　麻婆豆腐

图4-6-1

♣ 原料组成

主料：内酯豆腐一盒，猪肉末50克。

调料：葱、蒜各10克，花椒5克，郫县豆瓣酱25克，盐2克，酱油7克，味精2克，白糖5克，湿淀粉10克。

◐ 制作步骤

①刀工成形。内酯豆腐切成2厘米见方的小块，蒜切末，葱改刀成葱花，郫县豆瓣酱剁碎。（图4-6-2）

②焯水。锅洗净上火，加入适量的水，烧开后放入盐，豆腐焯水1分钟，然后捞出。（图4-6-3）

图4-6-2
图4-6-3

③烧制。锅中加适量底油，然后放入肉末煸炒成熟，放入郫县豆瓣酱煸炒出红油，然后再放入蒜末、花椒煸炒出香味。锅中加适量热水，加入豆腐块用旺火烧开，然后加入酱油、盐、味精、白糖，用中小火烧3分钟，用湿淀粉勾芡，出锅装盘后撒上葱花即可。（图4-6-4）

图4-6-4

💎 **菜品标准**

成品色泽红亮，红、白、绿相衬，豆腐形整不烂，吃起来麻、辣、嫩、酥、香、鲜。

温馨提示

①内酯豆腐切块后，用沸腾的淡盐水焯水，可以去除豆腐的涩味，保持豆腐口感细嫩，且不易碎。

②郫县豆瓣酱需先剁细。

▲▲ **相关链接**

麻婆豆腐，是清同治初年成都市北郊万福桥一家小饭店店主陈森富（一说名陈富春）之妻刘氏所创制。刘氏面部有麻点，人称陈麻婆。她创制的烧豆腐，则被称为"陈麻婆豆腐"。据《成都通览》记载，陈麻婆豆腐在清朝末年便被列为成都著名食品。

图4-7-1

♣ 原料组成

主料：春笋500克。
调料：酱油30克，味精2克，花椒10粒，麻油15克，白糖25克。

◈ 制作步骤

①刀工成形。将春笋洗净，对剖开，用刀拍松，切成长5厘米的段。（图
4-7-2、图4-7-3）

图4-7-2
图4-7-3

②炒制。锅置于中火上，下色拉油，烧至五成热时，放入花椒炸香，捞去花
椒，将春笋段入锅煸炒至呈微黄色。（图4-7-4）
③焖制。春笋段煸炒至呈微黄色时即加入酱油、白糖和100克水，旺火烧
沸，转小火焖5分钟，待汤汁收浓时，放入味精，淋上麻油即可。（图4-7-5）

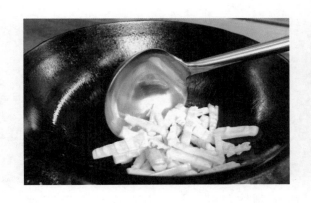

图4-7-4
图4-7-5

◆ 菜品标准

成品色泽红亮，鲜嫩爽口，略带甜味。

温馨提示

①焖制时水与调料宜一次加足，水量不宜过多。

②口味应咸甜适宜。

③小火收浓汤汁，至入味。

▲ 相关链接

焖

焖是将加工成形的主料，经焯水、油煎或炸制后，用汤、水和调料焖至入味，并使汤汁浓缩（或勾芡）而成菜的一种烹调技法。

油焖春笋选用清明前后出土的嫩春笋，以重油、重糖烹制而成，色泽红亮，鲜嫩爽口，鲜咸而带有甜味。1956年，油焖春笋被认定为36种杭州名菜之一。

　　烩是中式烹调技法中最常用的。烩适用于制作各种不同原料的菜肴，其成菜色彩美观，营养全面，味道醇香，深受人们的喜爱。

　　烩是将加工成片、条、丁、丝、块的各种原料放入锅中，加汤及调料用中旺火短时间加热入味，勾以薄芡，使成品汤汁较宽的一种烹调技法。烩菜的种类繁多，最早见于先秦典献记载的烩菜的品目有"雉羹、鹄羹、雏羹、羊羹、豕羹、犬羹、兔羹、鱼羹、鳖羹"等，总之一切动物性和植物性食材都可以用来烩。烩制菜肴有河南烩菜、东北乱炖、山西烩菜、博山烩菜、河北熬菜等。上等烩菜称"海烩菜"，配有海味，中等的称"上烩菜"，一般的称"行烩菜"，更大众化的还有"全汤豆腐菜"等。

　　本项目将单独介绍烩的烹调技法与基本特色，精选了部分常见的烩制菜肴，其中既有久负盛名的传统菜，也有流传广泛的创新菜，可引导学生了解中国烹饪技艺的丰富多样，传承与创新，以及菜品与历史名人典故的渊源。

任务一　烩三丝

图5-1-1

♧ 原料组成

主料：香干75克、青椒75克（或水发香菇75克）、茭白75克。
调料：盐4克、味精2克、湿淀粉15克、清汤300克、白胡椒粉2克。

◉ 制作步骤

①刀工成形。香干、茭白、青椒均切成丝细。（图5-1-2、图5-1-3）

图5-1-2
图5-1-3

②调味。锅置于火上，下50克花生油，投入三丝煸炒，随后加入清汤、盐、味精、胡椒粉调味。（图5-1-4）

③勾芡。沸后用湿淀粉勾薄芡，出锅装盘。（图5-1-5）

图5-1-4
图5-1-5

◈ 菜品标准

三丝均匀一致，色彩鲜艳，口味清淡。

温馨提示

①三丝粗细、长短一致。
②勾芡要注意厚薄均匀。

相关链接

此法同样可用于制作清烩鸡丝、冬菜羹等烩制菜肴。

任务二　宋嫂鱼羹

图5-2-1

原料组成

主料：新鲜鳜鱼（或鲈鱼）1条（600克）。

配料：熟火腿肉10克，熟笋肉25克，水发香菇25克。

调料：葱结10克，葱段15克，姜块（拍松）5克，酱油15克，绍酒5克，湿淀粉30克，盐5克，味精3克，蛋黄3个，清汤250克，醋25克，葱丝、姜丝、胡椒粉适量。

制作步骤

①原料加工。鳜鱼剖洗干净，去头，沿脊背线劈成两片，鱼皮朝下放于盘中，加入葱结、姜块、3克绍酒，上笼用旺火蒸熟后取出，去掉葱结、姜块。原汁滗入碗中，鱼肉用手拨碎，去掉鱼皮、鱼刺，将鱼肉倒回原汁中。将熟火腿肉、熟笋肉、水发香菇切成长1.5厘米的细丝，蛋黄打散备用。（图5-2-2、图5-2-3）

②调味。锅置于旺火上烧热，下10克熟猪油，放入葱段，煸炒至有香味，加入清汤，沸后加2克绍酒，捞出葱段，放入笋丝、香菇丝，再沸时将鱼肉连同原汁入锅，加酱油、盐调味。（图5-2-4）

图5-2-2
图5-2-3

③勾芡。待汤沸时加入味精，用湿淀粉勾薄芡，倒入蛋黄液，再沸时，加入醋，并浇入5克十成热的熟猪油，出锅装盘，撒上熟火腿肉丝、葱丝、姜丝即可，上桌时撒上胡椒粉。（图5-2-5）

图5-2-4
图5-2-5

 菜品标准

成品色泽黄亮，鲜嫩滑爽。

①选用刺少肉多的鳜鱼或鲈鱼，蒸熟后去净鱼刺，鱼肉剔取尽量保持片状，不要太散碎。

②勾芡时离锅，均匀适度，不能出现粉块。

温馨提示

相关链接

宋嫂鱼羹是杭州名菜，至今已有800多年历史。由于它色泽金黄，鲜嫩滑润，味似蟹羹，故又名"赛蟹羹"。根据宋代吴自牧的《梦粱录》，当年"杭城市肆各家有名者"，其中就有"钱塘门外宋五嫂鱼羹"。

图5-3-1

🍀 原料组成

主料：净鱼肉（最好是白鲢或鳜鱼肉）125克。

调料：奶汤200克，绍酒5克，盐7克，熟鸡油10克，葱段10克，味精2.5克，姜汁水少许，蛋清2个，湿淀粉15克。

🌿 制作步骤

①原料加工。净鱼肉刮成鱼泥，隔纱布用水洗净。（图5-3-2、图5-3-3）

图5-3-2
图5-3-3

②调味。将鱼泥放入搅拌机打成鱼茸，取出放入大碗中，加入100克水、5克盐，搅拌至有黏性时再加入80克水，搅上劲，加入姜汁水、蛋清拌匀，再加入1.5克味精，搅成鱼白料备用。（图5-3-4）

③制作。锅中放入半锅冷水，置于中火上，用手勺将鱼白料一片片舀入锅中，然后移至小火上养。当鱼白下面呈白色时将鱼片翻个，锅边水沸起时加入冷水，待两面养熟呈玉白色，用筷子捡起鱼片不断即可。（图5-3-5）

图5-3-4
图5-3-5

④勾芡。锅在旺火上烧热，下15克熟猪油，加入葱段煸炒至有香味，加入绍酒和奶汤，捞出葱段，加入2克盐、1克味精，将湿淀粉调稀勾成薄芡，倒入鱼白，转动炒锅，用手勺轻推，淋上熟鸡油，出锅装盘即可。

 菜品标准

成品色白如玉，味鲜滑嫩，形如柳叶。

温馨提示

①水不要沸腾，否则鱼白易碎。
②鱼白不宜过大、过厚。

相关链接

烩鱼白制作难度大，成品形状独具特色，常常被用作烹饪大赛参赛作品。图5-3-6、图5-3-7所示为此菜经改良创新后的两件优秀作品，烩鱼柳、蟹黄雪蛤豆腐。

图5-3-6
图5-3-7

图5-4-1

🍀 原料组成

主料：内酯豆腐300克。

配料：猪里脊肉50克，韭黄段25克，笋丝25克。

调料：绍酒5克，酱油20克，味精2.5克，湿淀粉25克，盐1.5克，奶汤250克。

🫓 制作步骤

①刀工成形。内酯豆腐切成宽4厘米、厚2.5厘米的片，猪里脊肉切细丝。（图5-4-2、图5-4-3）

图5-4-2
图5-4-3

②调味。锅置于中火上，里脊丝、笋丝入锅滑油。锅中放入熟猪油煸炒，加入奶汤烧沸，加绍酒、酱油、盐、味精调味烧沸，撇去浮沫，下入豆腐片。（图5-4-4、图5-4-5）

图5-4-4
图5-4-5

③勾芡。湿淀粉勾芡，下入韭黄段、明油搅匀，出锅装盘即可。

💎 菜品标准

韭黄香脆，豆腐油润，味鲜洁白。

温馨提示

①内酯豆腐加工成片要符合规格。
②勾芡要适宜，不能过稠。

🏔 相关链接

　　传统的豆腐制作，多采用石膏、卤水作为凝固剂，工艺复杂，产量低，豆腐储存期短且不易被人体吸收。内酯豆腐是用葡萄糖酸-δ-内酯作为凝固剂生产的豆腐。葡萄糖酸-δ-内酯在常温下缓慢水解，加热时水解速度加快，水解产物为葡萄糖酸。葡萄糖酸可使蛋白质凝固沉淀。这种制作方法改变了传统的用卤水点豆腐的制作方法，可减少蛋白质流失，并使豆腐的保水率提高，比常规方法多产出豆腐近1倍，且制作出的豆腐质地细嫩，有光泽，口感好。

图5-5-1

🍀 原料组成

主料：鲜栗肉100克。

配料：青梅蜜饯15克、玫瑰花瓣。

调料：糖桂花3克，藕粉25克，白糖15克。

🍂 制作步骤

①初步熟处理。鲜栗肉加水、白糖煮熟备用。（图5-5-2）

②成形处理。鲜栗肉掰成片，青梅蜜饯切薄片（分两份），玫瑰花瓣撕碎。（图5-5-3）

图5-5-2
图5-5-3

③调味。锅置于旺火上，放入400克水烧沸后倒入栗肉片、一份青梅片和白

糖，再撇去浮沫。（图5-5-4）

④勾芡。藕粉用25克水调匀，均匀地倒入锅中，调成羹，出锅盛入盘中。将剩余的一份青梅片放在羹上，再撒上糖桂花和撕碎的玫瑰花瓣即可。（图5-5-5）

图5-5-4
图5-5-5

 菜品标准

鲜栗肉脆嫩，桂花芳香，羹汁稠浓，清甜适口。

温馨提示

①甜味不宜过重，否则易腻口。
②芡汁不宜太稠。

相关链接

桂花鲜栗羹常作为宴席上的小吃甜点，是一道有浓厚地方特色的杭州时令菜点。此法也可用于制作酒酿圆子羹、桂圆莲子羹等甜烩菜肴。

图5-6-1

☘ 原料组成

主料：猪里脊肉150克。
调料：味精6克，湿淀粉25克，绍酒10克，盐3克，白糖3克。

◯ 制作步骤

①刀工成形。猪里脊肉批成厚0.2厘米的片，再切成长8厘米的丝备用。（图5-6-2）

②上浆。里脊丝用绍酒、盐、味精、白糖、湿淀粉上浆。（图5-6-3）

图5-6-2
图5-6-3

③滑油。锅置于中火上烧热，滑锅，加入色拉油，烧至三成热时，将上过浆的里脊丝入锅划散至成熟，沥净油。（图5-6-4）

④勾芡。锅洗净，加水、绍酒、盐、味精，置于火上烧沸后，用湿淀粉勾芡，然后倒入里脊丝，淋明油，推舀均匀，出锅装盘。（图5-6-5）

 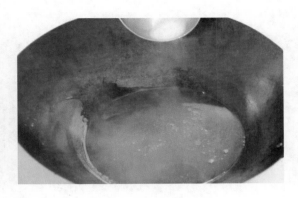

图5-6-4
图5-6-5

 菜品标准

成品色泽玉白，肉质滑嫩，鲜汤厚薄合适，肉丝粗细、长短一致。

①里脊丝上浆均匀，上劲。滑油时注意掌握油温和时间。
②调味适中，勾芡厚薄适当，掌握汤与原料的比例。

温馨提示

相关链接

根据烹调方法及菜肴特色，大体上有以下几种芡汁用法。

包芡，一般用于爆炒菜肴。包芡的芡汁最稠，目的是使芡汁全包到原料上，如鱼香肉丝、炒腰花等。吃完菜后盘底基本不留汁液。

糊芡，一般用于以熘、滑、焖、烩方法烹制的菜肴。糊芡的芡汁比包芡的稀，用处是把菜肴的汤汁变成糊状，达到汤菜融合、口味滑柔的效果，如糖醋排骨等。

流芡，一般用于大型或整体的菜肴，芡汁较稀，其作用是增加菜肴的滋味和光泽。一般是在菜肴装盘后，再将锅中的卤汁加热勾芡，然后浇在菜肴上，芡汁一部分粘在菜上，一部分呈流离状态，吃完菜后盘内可剩余部分汁液。

奶汤芡，是芡汁中最稀的，又称薄芡，一般用于烩烧的菜肴，如清蒸鱼、虾仁锅巴等。勾奶汤芡的目的是使菜肴汤汁加浓一点而达到色美味鲜的要求。

任务七　酸辣汤

图5-7-1

原料组成

　　主料：香干2块，熟火腿肉75克，熟鸡脯肉75克，水发香菇50克，熟笋50克，鸡蛋1个。

　　调料：湿淀粉30克，酱油10克，醋25克，葱末3克，麻油2克，胡椒粉2克，绍酒2克，味精1.5克，清汤500克，盐3克。

制作步骤

　　①刀工成形。香干、水发香菇、熟笋均切丝，熟火腿肉、熟鸡脯肉切丝后分别分为两份。锅烧热置于小火上，用餐巾纸蘸色拉油擦锅底，把蛋液摊成厚薄均匀的蛋片，卷切成丝。（图5-7-2、图5-7-3）

图5-7-2
图5-7-3

图5-7-4

②调味。锅置于旺火上，放入清汤、香干丝、笋丝、香菇丝和一份熟火腿肉丝、一份鸡脯肉丝，加入酱油、盐、绍酒调味。（图5-7-4）

③勾芡。用湿淀粉勾薄芡，淋入麻油、醋、胡椒粉推匀装盘，撒上一份熟火腿肉丝、一份鸡脯肉丝和蛋皮丝、葱末即可。

 菜品标准

成品色泽红润，多料配合，酸、辣、咸、鲜、香味道兼备。

温馨提示

①摊蛋皮时要控制油量、油温和火候。

②勾薄芡，避免太薄或太厚。

相关链接

酸辣汤是一道传统的川菜小吃，特点是酸、辣、咸、鲜、香。酸辣汤用肉丝、豆腐丝、笋丝、醋等原料经清汤煮制而成，饭后食用，有去腻、助消化的作用。

图5-8-1

🍀 原料组成

主料：内酯豆腐250克。

配料：虾仁干10克，猪肉片10克，时笋10克，鸡内脏1副，熟火腿肉50克。

调料：盐5克，味精2克，酱油5克，白胡椒粉1克，鸡汤适量，鸡蛋1个，葱花少许。

🍃 制作步骤

①刀工成形。内酯豆腐切成小方片，猪肉片、时笋、鸡内脏切成小片，熟火腿肉切成末。（图5-8-2～图5-8-4）

图5-8-2
图5-8-3

②调味。锅置于火上，滑油，下熟猪油、猪肉片、笋片、鸡内脏片、虾仁干煸炒，用盐、味精、酱油调味，下鸡汤。（图5-8-5）

图5-8-4
图5-8-5

③勾芡。锅烧开后勾芡烩制，成菜肴时加入蛋液，装盘，撒上熟火腿末、葱花、白胡椒粉即可。

 菜品标准

成品色泽红润，多料配合，味道香醇。

①配料须煸炒出香味。
②勾芡时避免太薄或太厚。

温馨提示

相关链接

西施豆腐为绍兴诸暨地区的传统风味名菜，源于民间的荤豆腐，是当地家家会做、人人爱吃的家常菜。相传，乾隆皇帝下江南时，与爱臣刘墉一起微服私访来到诸暨，两人尽兴游玩，信步来到了苎萝山下的一个小村庄，见农舍炊烟袅袅，方觉肚中饥饿，便就近在一农家用餐。乾隆皇帝享用西施豆腐后，连声称妙，不禁脱口称赞："好一个西施豆腐。"

任务九 单腐

图5-9-1

原料组成

主料：内酯豆腐400克。

配料：猪里脊肉50克，熟时笋50克，虾仁干50克。

调料：葱花2克，蚝油15克，酱油15克，白胡椒粉少许，绍酒10克，湿淀粉15克，清汤200克。

制作步骤

图5-9-2

①刀工成形。内酯豆腐切成2厘米见方的指甲片状，猪里脊肉、熟时笋切成小于豆腐片的片状。（图5-9-2）

②调味。豆腐片入沸水锅焯水。锅滑油，下熟猪油，放入配料煸炒，用蚝油、酱油、绍酒调味，放入豆腐片。（图5-9-3）

③勾芡。加入清汤烧沸，勾芡，出锅装盘，撒上白胡椒粉、葱花即可。（图5-9-4）

图5-9-3
图5-9-4

 菜品标准

成品油润滑嫩，鲜香适口。

温馨提示

①内酯豆腐改刀不宜过厚或过薄。
②勾芡应避免太薄或太厚。

相关链接

单腐是绍兴的一道传统名菜，源于民间，极具平民风格。单腐最初因制作简易、不加配料而得名，源于绍兴民间的简朴生活，后来传入饭店得以改良。

中国烹饪一直以选料讲究、刀工精湛、技法多样、口味丰富、品种繁多而著称，烹饪技法有几十种之多，除了炒、炸、熘、煮、爆、烩、烧、煮等常见的水烹、油烹、汽烹技法外，还有煎、贴、塌以及制作甜菜的拔丝、琉璃、挂霜等技法，每种都有其独特之处。

采用煎、贴、塌、汆烹饪技法制作的菜肴，制作简便，风味独特，别具一格，以其酥脆、软嫩的口感，鲜香、醇美的口味，深受喜爱。而拔丝、琉璃、挂霜技法主要用于制作甜菜，挂霜必须以水作为传热介质，而拔丝和琉璃可用水或油作为传热介质，也成为了中国烹饪技法中一枝奇葩。

本项目将重点介绍以上烹调技法与基本特色，精选了部分常见菜品，可引导学生了解中国烹饪方法的丰富多彩和独特魅力。

------------------------------ 任务一　煎土豆饼 ------------------------------

图6-1-1

🍀 原料组成

主料：土豆400克。

调料：盐3克，味精1.5克，绍酒10克。

①蒸制。土豆蒸熟至酥烂。（图6-1-2）

②压制。去皮后用刀身将熟土豆按成扁平饼状待用。（图6-1-3）

图6-1-2
图6-1-3

③煎制。锅置于中火上，下底油，放入土豆饼，两面煎成焦黄色，加盐和味精，淋入绍酒，略翻动即可装盘上桌。（图6-1-4、图6-1-5）

图6-1-4
图6-1-5

 菜品标准

成品外焦脆，内松软，味鲜香。

①土豆要蒸熟至酥烂。

②煎制时要用中小火，防止色泽太深。

③土豆选料要均匀，大小一致。

温馨提示

相关链接

煎

煎是将主料调味后加工成扁平饼状，然后用少量油为加热介质，用中小火慢慢加热至两面金黄（有的也可一面金黄），使菜肴鲜香、脆嫩或软嫩的一种烹调技法。煎既可作为独立的烹调技法，也可作为辅助烹调技法。

最初的煎，毫无异议应该是水煮。《说文解字》里的解释是"煎，熬也"，即用小火煮，有使汁液浓缩或收干的意思。到后来，煎又指把原料放在少量的油中制熟，一般要用小火，使原料表面变得焦黄。油煎的起源，可能有两种。其一，油煎可能源于铁板烧。古人在烧烤实践中发现，在金属板上抹上一层油，便可有效地防止肉粘在上面，就此发明了煎。其二，油煎可能源于油炸。在花生、葵花、芝麻、油菜等油料作物还未得到推广种植前，食用油不容易得到，出于节约的考虑，油煎便应运而生。从这方面来说，煎可以理解为简约版的炸。

任务二　腐皮素烧鹅

图6-2-1

♣ 原料组成

主料：豆腐皮30张。

调料：麻油10克，酱油25克，味精2克，白糖5克。

◇ 制作步骤

①调味，原料加工。味精、酱油、白糖放入碗中，加200克热水，调成味汁。豆腐皮用湿毛巾润潮后，撕去边筋备用。（图6-2-2、图6-2-3）

②叠制。取6张豆腐皮，将弧形的一端相互重叠1/3，平摊在砧板上铺底，然后将余下的豆腐皮横向对折，在调好的味汁中浸软后，逐一放在铺底豆腐皮的下端，再将撕下的边筋放到味汁中浸软，平铺在对折的豆腐皮上面，自下而上折成扁条状。

图6-2-2
图6-2-3

③蒸制。上笼用旺火蒸3分钟，取出冷却。（图6-2-4）

④煎制。锅置于旺火上烧热，下菜籽油，烧至四成热时，放入豆腐皮条，煎至两面均呈金黄色时取出，抹上麻油即可。食用时改刀成小条块装盘上桌。（图6-2-5）

图6-2-4
图6-2-5

 菜品标准

成品色如烧鹅，鲜甜香软。

温馨提示

①调味准确适宜，豆腐皮折叠成条时厚薄均匀。

②旺火蒸，温油煎，防止煎焦。

🔺🔺 相关链接

烧鹅是广东菜，而腐皮素烧鹅是浙江地区的一道传统素卤菜肴。腐皮素烧鹅最初制作时是在蒸制后熏制而成的，后改为现在的蒸制后以素油煎制而成。腐皮素烧鹅色泽黄亮，鲜甜香软，切块食用，形似烧鹅，故得名。

豆腐皮以泗乡豆腐皮最为有名。泗乡豆腐皮，产于杭州富阳东坞山村，故又名东坞山豆腐皮。它已有1000多年的生产历史，以上等黄豆经18道工序精制而成。泗乡豆腐皮薄如蝉翼，油润光亮，软而韧，拉力大，落水不糊，被誉为"金衣"，做成菜肴清香味美、柔滑可口，是制作多种素食名菜的原料。

任务三　生煎肉饼

图6-3-1

♣ 原料组成

主料：猪夹心肉250克。

配料：生猪肥膘肉50克，荸荠50克，鸡蛋1个。

调料：盐2克，白糖2克，蒜末50克，绍酒20克，干淀粉25克，味精3克。

◯ 制作步骤

①刀工成形。猪夹心肉、生猪肥膘肉、荸荠切成绿豆大小的粒。（图6-3-2）

②调味。肉粒放入碗中，加入蒜末、荸荠粒、蛋液、绍酒、白糖、盐、味精，搅拌上劲，再加入干淀粉拌匀，将拌好的肉馅挤成10个大小一致的肉丸。（图6-3-3）

③煎制。锅置于中火上，加入适量色拉油，烧至四成热时，改用小火，掌心蘸上水（防粘连），托起1个肉丸，揿扁，下锅煎制。待肉饼煎至一面呈金黄色时，将其翻个，另一面也煎至呈金黄色时，取出装盘。（图6-3-4、图6-3-5）

图6-3-2
图6-3-3

图6-3-4
图6-3-5

 菜品标准

肉饼直径为4厘米，色泽金黄，口感酥脆，大小均匀，完整不碎。

①调料比例恰当，口味适中。
②煎制油温不宜过高，宜用中小火煎制。

温馨提示

相关链接

生煎肉饼是一道传统小吃，属于浙菜。此菜色泽金黄，外酥脆、里鲜嫩，以花椒盐、葱、酱佐食，味道更佳。

生煎与干煎都可以先调味，再上粉，后煎制成菜。两者的不同点是生煎的调味必须在煎制之前，而干煎可以在煎制后加调味芡汁收汁。

图6-4-1

♣ 原料组成

主料：净鱼肉（黑鱼或鳜鱼）250克，熟猪肥膘肉200克。

配料：虾仁80克，熟火腿肉50克，香菜碎10克，红灯笼椒50克。

调料：盐4克，绍酒10克，味精3克，白糖3克，胡椒粉3克，醋5克，湿淀粉15克，干淀粉20克，鸡蛋1个。

◯ 制作步骤

①刀工成形。净鱼肉去掉鱼皮，批成长5厘米、宽3厘米、厚0.3厘米的片。熟猪肥膘肉同样批成长5厘米、宽3厘米、厚0.5厘米的片。两种片形状、数量相同。熟火腿肉切成末备用。红灯笼椒切成小菱形片。虾仁剁成虾泥。（图6-4-2）

②上浆。鱼片加入盐、绍酒、味精、胡椒粉、蛋清等捏上劲后，再加少许湿淀粉拌匀上浆。虾泥加入盐、绍酒、白糖、胡椒粉、蛋清、湿淀粉和少许水，顺一个方向充分搅拌上劲。

③叠制。肉片平摊在砧板上，拍上干淀粉，铺上一层搅拌好的虾泥，盖上鱼片，上面再放上红灯笼椒片、香菜碎和熟火腿末。（图6-4-3）

图6-4-2
图6-4-3

④贴制。锅置于中火上，下入熟猪油，烧至五成热时，将涂上蛋黄液的锅贴鱼片生坯（肉片面朝下）下锅煎1分钟，用微火养3分钟至熟，滗出油，烹入适量绍酒和醋，出锅后整齐地摆入平盘。（图6-4-4）

图6-4-4

 菜品标准

鱼肉、熟猪肥膘肉均改刀成长5厘米、宽3厘米、厚0.3厘米的片。成品色泽淡黄美观，鲜香滑嫩。

温馨提示

①原料要选用新鲜质嫩的黑鱼、鳜鱼、鳕鱼等。
②煎制时火不要太大，要用小火，养时用微火。
③贴制时间以鱼肉成熟为度，注意不要碰碎鱼肉。

相关链接

贴

贴是将两种或两种以上加工成片形或饼状的主料，经腌渍后粘贴在一起，再经挂糊（多数需挂糊）处理后，用少量油将一面煎至酥脆的一种烹调技法。

锅贴鱼片属于川菜。此菜香脆软嫩，甘香不腻。贴与煎类似，制作时有煎的一些特点，但又有别于煎，一般由几层不同的原料粘贴在一起，入锅仅煎制一面。

图6-5-1

🍀 原料组成

主料：肉酯豆腐500克。

调料：盐3克，味精1.5克，绍酒8克，高汤100克，鸡蛋2个，面粉30克，葱花10克，姜末5克，麻油适量。

🥬 制作步骤

①刀工成形。内酯豆腐切成长4厘米、宽2.5厘米、厚0.8厘米的片。（图6-5-2）

②腌渍。豆腐片平摊在盘内，撒上1克盐、4克葱花、2克姜末、4克绍酒，腌渍入味。（图6-5-3）

图6-5-2
图6-5-3

③挂糊，煎制。豆腐片两面拍上面粉，涂上蛋液。锅置于中火上，下熟猪油，烧至二成热时，逐一投入豆腐片煎制，将两面都煎成金黄色，捞出滗去余油。（图6-5-4～图6-5-6）

图6-5-4
图6-5-5

④塌制。锅稍加底油，放入6克葱花、3克姜末、4克绍酒、2克盐、1.5克味精和100克高汤，加入豆腐片烧沸，盖上锅盖，移小火塌至汤汁略收，淋入麻油，装盘成菜。（图6-5-7、图6-5-8）

图6-5-6

图6-5-7
图6-5-8

 菜品标准

豆腐片规格一致，不碎不烂，色泽金黄，滋味醇厚。

温馨提示

①豆腐片的规格要一致。
②拍粉、涂蛋糊后要求豆腐片不破、不碎。

塌

塌是将加工成形的主料用调料腌渍，经拍粉、挂糊（一般用蛋液）后，用油煎至两面金黄，再放入调料和少量汤汁，用小火收浓汤汁或勾芡收浓汤汁，淋明油成菜的一种烹调技法。

锅塌豆腐是鲁菜传统名菜之一。锅塌是鲁菜独有的一种烹调技法。最早的锅塌系列菜肴来自山东地区，早在明代山东济南就出现了锅塌豆腐，此菜到了清乾隆年间荣升为宫廷菜，后广为流传。

任务六　菜心汆丸子

图6-6-1

🍀 原料组成

主料：猪夹心肉250克，菜心200克。

调料：清汤500克，干淀粉适量，盐4克，绍酒3克，熟鸡油5克，味精2克。

◉ 制作步骤

①刀工成形。猪夹心肉斩成末，菜心修整均匀。（图6-6-2、图6-6-3）

图6-6-2
图6-6-3

②调味。肉末放入碗中，加入70克水、1克盐、3克绍酒、适量干淀粉搅上劲，再加入1克味精搅匀待用。（图6-6-4、图6-6-5）

图6-6-4
图6-6-5

③氽制。锅内放入1000克水，待水温升至80℃~90℃时，将肉末用手挤成12颗肉丸下锅，随时撇去浮沫，至熟。另取1口锅，置于中火上烧热，下熟猪油，倒入菜心略煸炒，放入清汤，煮沸氽熟，撇去浮沫，加入3克盐、1克味精，投入肉丸，出锅盛入荷叶碗，淋上熟鸡油即可。（图6-6-6～图6-6-8）

图6-6-6
图6-6-7

图6-6-8

 菜品标准

菜心碧绿，肉丸软嫩，鲜美可口。

①搅拌肉末时应加适量的水。

②汆肉丸时水不能大沸，以免肉丸破散。

🔺🔺 相关链接

汆

　　汆是将上浆或不上浆的小型原料放入大量的沸水或沸汤中，用中火或旺火短时间加热成熟，调味成菜的一种烹调技法。汆制菜肴汤多而清鲜，质嫩爽口。

　　制作菜心汆丸子时，要使肉丸鲜嫩，需选用猪夹心肉，并要剁细，调味时先加盐，再加其他调料，用力顺一个方向搅打肉末至有黏性，黏性不足还可以适当加些干淀粉。汆肉丸时，水不能大沸，要把肉丸一颗一颗放到锅里，慢慢加热至熟，这样做出的肉丸不但不散，而且表面光滑，口感鲜嫩。

任务七　拔丝苹果

图6-7-1

♧ 原料组成

主料：苹果1个。

调料：干淀粉50克，面粉80克，泡打粉2克，白糖150克，鸡蛋1个。

①刀工成形。苹果洗净，去皮、核，切成2.5厘米见方的块，蘸上面粉待用。（图6-7-2）

②调糊。鸡蛋磕在碗内，加入面粉、干淀粉、泡打粉、水调成蛋糊。（图6-7-3）

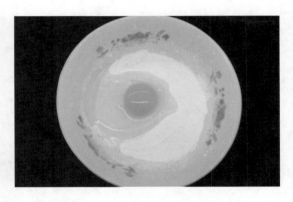

图6-7-2
图6-7-3

③炸制。锅洗净烧热，下入色拉油，烧至六成热，放入挂糊的苹果块，炸至外皮脆硬、呈金黄色时，捞出沥油。（图6-7-4）

④熬糖。原锅留底油，加入白糖，小火加热，用手勺不断搅拌至糖融化，待糖色呈浅黄色且出现糖丝时，倒入炸好的苹果块，颠翻几次，出锅装入涂抹有冷油的浅盘即可。（图6-7-5）

图6-7-4
图6-7-5

◆ 菜品标准

成品色泽黄亮，松脆爽口，糖丝透明。

温馨提示

①蛋糊调制要厚一些。

②掌握好油温、火候。

③熬糖要用小火。

拔丝

拔丝又叫拉丝，是将经过油炸后的半成品主料，放入由白糖熬制的糖浆中裹匀并迅速装盘，食用时能拉出糖丝的一种烹调技法。拔丝是制作甜菜的烹调技法之一，可分为油拔丝、水拔丝、水油混合拔丝。

任务八　琉璃苹果

图6-8-1

原料组成

主料：苹果1个（150克）。

调料：发酵粉10克，白糖150克，色拉油适量，面粉100克，干淀粉30克，盐2克。

制作步骤

①刀工成形。苹果去皮，改刀成1.5厘米见方的块，蘸上干淀粉。（图6-8-2）

②调糊。碗中加入面粉、干淀粉、发酵粉、水、适量色拉油，调制成脆皮糊。（图6-8-3）

图6-8-2
图6-8-3

③炸制。锅置于中火上，下入色拉油，烧至四成热时，将苹果块挂上脆皮糊入锅炸至表面结壳时捞起，去掉碎渣。待油温升至六成热时，将苹果块复炸至表面呈金黄色时捞出沥油。（图6-8-4）

图6-8-4
图6-8-5

④熬糖。锅置于中火上，加入少量色拉油和白糖，不断搅动，炒至白糖溶化呈琥珀色时，倒入苹果块，翻锅。在碗中倒入水，用筷子逐一拣出挂满糖浆的苹果块，放入水中冷却，捞出装盘。（图6-8-5～图6-8-7）

图6-8-6
图6-8-7

菜品标准

成品外表晶莹透亮，口感香脆酸甜。

①苹果块要修成正方形，这样挂糊炸制后呈圆形。

②糊不宜太厚。

③糖浆要熬制到可以拔出糖丝的程度，欠火或过火，都会影响成品的琉璃色泽和透明度，口感也差。除用水冷却形成琉璃硬壳，也可原料挂浆后立即倒入洁净瓷盘内，迅速用筷子拨开，不使其相互粘连，然后放在通风处晾透，即可在原料表面均匀结成一层晶莹透亮的琉璃硬壳。

🔺 相关链接

琉璃

琉璃是甜菜拔丝烹调技法的延伸，是鲁菜的烹调技法。琉璃菜肴的特点是外壳明亮酥脆，味道香甜，并有多种主料的丰富滋味。制作琉璃菜肴时需要注意控制熬糖的火候，过火容易出现苦味。

任务九　挂霜花生

图6-9-1

♣ 原料组成

主料：熟花生米200克。

调料：白糖50克。

◎ 制作步骤

①原料加工。熟花生米去皮，注意保持花生米的完整。

②熬糖。锅内加入适量水，待烧开后加入白糖，用中小火熬至糖浆黏稠、大泡变小泡时离火，倒入花生米轻轻翻拌均匀，装盘即成。（图6-9-2～图6-9-5）

图6-9-2
图6-9-3

图6-9-4
图6-9-5

 菜品标准

成品色泽洁白、香甜酥脆。

温馨提示

①熬糖时，白糖和水的比例要掌握好，一般为3:1。

②熬糖时要掌握好火候，糖浆黏稠后一定要用小火。

③翻拌要轻巧迅速。使原料表面都能均匀裹上糖浆。

④鉴别糖浆是否熬至挂霜程度有两种方法：

一是看气泡，糖浆在加热过程中，经手勺不停地搅动，不断地产生气泡，水分随之蒸发，待糖浆黏稠、小泡套大泡同时向上冒起、蒸汽很少时，正是挂霜的好时机；

二是当糖浆熬至黏稠时，用手勺或筷子蘸起糖浆使之下滴，如糖浆呈连绵透明的片、丝状，即到了挂霜的时机。

熬糖必须恰到好处，如果火候不到，难以结晶成霜，如果火候太过，一种情况是糖浆会提前结晶，俗称"返沙"，另一种情况是熬过了饱和溶液状态，蔗糖进入熔融状态(此时蔗糖不会结晶，将进入拔丝状态)，都达不到挂霜的效果，甚至失败。

挂霜

挂霜是制作甜菜的一种烹调技法。要掌握挂霜技法，首先应搞清挂霜的机理，找到其科学依据。蔗糖放入水中，经加热、搅动后溶解，成为蔗糖溶液，在持续的加热过程中，水分大量蒸发，蔗糖溶液由不饱和到饱和，离火后，放入主料，经不停翻拌，饱和的蔗糖溶液即裹在原料表面，因温度不断降低，蔗糖迅速结晶析出，形成洁白、细密的蔗糖晶粒，看起来好像挂上了一层霜一样。

第二部分　风味篇

项目七　杭州风味

　　杭州作为一座历史文化名城，具有特有的饮食文化。《史记》曰"楚越之地""饭稻羹鱼"，可见当时鱼米之乡杭州饮食业的发达。《梦粱录》载，杭州"自大街及诸坊巷，大小铺席，连门俱是，即无空虚之屋"，茶坊、酒肆、食店及饮食服务业占众多店铺市场的三分之二。更有《都城纪胜》载，杭州经营餐饮店铺类型有茶酒店、包子酒店、宅子酒店、花园酒店、直卖店等八九种之多，且茶坊、酒楼都装饰讲究，环境幽雅，器皿华贵，服务细致。明代杭州饮食专家高濂有《遵生八笺》这样一部以杭州菜肴为主的理论与实践相结合的食典。清代戏剧家兼美食家李渔的《闲清偶寄·饮馔部》、大诗人兼饮食家袁牧的《随园食单》，都是在杭州写成的以介绍论述杭州菜肴为主的饮食文化专著，体现了杭州饮食文化精致、和谐、大气、开放的悠久历史和传统渊源。

　　杭州菜肴与宁波、绍兴两地的菜肴共同构成浙江菜系，成为中国的八大菜系之一，而且是浙菜的代表菜。南宋建都临安（现杭州）以前，杭州菜肴分为"湖上帮"和"城里帮"两派。"湖上帮"用料以鱼虾和禽类为主，擅长生炒、清炖、嫩熘等技法，讲究清、鲜、脆、嫩的口味，注重保留原味。"城里帮"用料以畜肉居多，烹调方法以蒸、烩、汆、烧为主，讲究轻油、轻浆、清淡、鲜嫩的口味，注重鲜咸合一。南宋建都临安（现杭州），北方大批名厨云集，浙江菜系从萌芽状态进入发展状态，浙菜从此立于全国菜系之列。南宋名菜蟹酿橙、鳖蒸羊、东坡肉、南炒鳝、群仙羹、两色腰子等，至今仍是高档宴席上的名菜。

　　近年来社会经济飞速发展，旅游业方兴未艾，这些都推动了杭州饮食文化事业的发展。杭州的酒楼茶馆从或华美或古朴的环境装饰，到"食不厌精、脍不厌细"的菜肴与茶点，无不透出精致的味道、和谐的气息。杭州菜肴的特色不是几道菜，而是一种新的理念，就是不断创新的精神。如今杭州菜肴有"迷宗菜"之称，它吸收了全国八大菜系中其他七大菜系和浙菜中温州菜肴、绍兴菜肴的长处，融入西湖特有的清醇灵秀之风，可以说是兼容并蓄，博采众长，融会贯通，杭州菜肴因此成为新八大菜系之一，并以它独特的"味道"风靡全国。

　　本项目主要介绍了杭州传统名菜与饮食习俗，并结合现代的制作技艺，特别对制作方法、技巧、关键进行了相关的说明，在相关链接中介绍了部分菜肴的历史典故。

任务一 西湖醋鱼

图7-1-1

🍀 **原料组成**

主料：鲜活草鱼1条（700克）。

调料：绍酒25克，酱油75克，姜末2.5克，白糖60克，湿淀粉50克，醋50克，胡椒粉适量。

🍃 **制作步骤**

①原料加工。草鱼饿养1~2天，排泄尽污物，使鱼肉结实，烹制前宰杀去鳞、鳃、内脏，洗净。

②刀工成形1。将鱼身从尾部入刀，剖劈成雌、雄两片（连着背脊骨的一片为雄片，另一片为雌片），斩去鱼牙。（图7-1-2、图7-1-3）

③刀工成形2。在鱼的雄片上，从离鳃盖瓣4.5厘米处开始，每隔4.5厘米左右斜批一刀（深5.5厘米，刀口斜向头部，刀距及深度要均匀），共批5刀。在批第3刀时，在腹鳍后0.5厘米处切断，使鱼成两段，以便于烧煮。在雌片剖面脊部厚处向腹部斜剖一长刀，不要损伤鱼皮。（图7-1-4）

④烹制1。锅内放入1000克水，用旺火烧沸，先放入雄片的前半段，再将鱼尾段接在上面，然后将雌片和雄片并放，鱼头对齐，鱼皮朝上，盖上锅盖。待水再沸时，启盖，撇去浮沫，转动炒锅，继续用旺火烧煮约3分钟。用筷子轻轻地扎雄

片颔下部，如能扎入即熟。锅内留下250克的汤水，放入酱油、绍酒、姜末。（图7-1-5）

图7-1-2
图7-1-3

图7-1-4
图7-1-5

⑤烹制2。将鱼捞出，放入盘中，装盘时鱼皮朝上，两片背脊相对，沥去汤水。（图7-1-6）

⑥制芡、浇汁。锅内原汤汁加入白糖、醋和湿淀粉。调匀芡汁，用手勺推搅成浓汁，浇在鱼身上即可。上桌随带胡椒粉。（图7-1-7）

图7-1-6
图7-1-7

 菜品标准

成品色泽红亮，酸甜适宜，鱼肉结实，鲜美滑嫩。

温馨提示

①鲜活草鱼以宰杀1小时左右氽制最佳。

②剖洗草鱼时要防止弄破苦胆。剞刀时刀口间隔、深度要均匀一致。

③氽制鱼肉要沸水落锅，水不要漫过鱼鳍，不能久滚，以免肉质老化和破碎。

④芡汁要掌握好厚薄，应一次勾成，不能久滚，切忌加油。

⑤调味正确，口感要先微酸略甜，后鲜咸入味。

相关链接

西湖醋鱼也称为"叔嫂传珍"，是杭州的一道传统地方风味名菜。1929年西湖博览会前，杭州供应的只有五柳鱼和醋熘块鱼。醋熘块鱼制法与袁枚所撰的《随园食单》记载的醋搂鱼相似，之后改进成为醋熘全鱼，其外形、刀法和五柳鱼相似。中华人民共和国成立后，醋熘全鱼改名为西湖醋鱼。

任务二　油爆虾

图7-2-1

原料组成

主料：河虾350克。

调料：大葱1根，姜10克，白糖25克，绍酒4克，盐2克，酱油20克，醋15克。

⬤ 制作步骤

①原料加工。河虾剪净须足，洗净沥干水分备用。葱尾洗净切丝，葱白切段，姜洗净切末。（图7-2-2）

②炸制。锅置于旺火上，加入色拉油，烧至五成热时，河虾入锅炸至结壳捞出，待油温回升至六成热时复炸至肉与壳脱开，用漏勺捞出沥油。（图7-2-3~图7-2-5）

图7-2-2

图7-2-3
图7-2-4

③烹制。原锅留底油，放入葱白段略煸，倒入河虾，烹入绍酒，加酱油、白糖、盐及10克水，颠动炒锅，烹入醋，出锅装盘，放上葱丝即可。（图7-2-6）

图7-2-5
图7-2-6

◆ 菜品标准

虾壳红艳松脆，若即若离。虾肉鲜嫩，略带甜酸。

温馨提示

①选用新鲜河虾，剪去须足。

②初炸时油温控制为五成热，复炸时六成热；河虾下锅炸制前需沥干水分。

③调味时注意不加湿淀粉；口味轻糖醋。

🔺 相关链接

　　河虾营养丰富，产地主要集中在有江河、湖泊之处，如江浙地区的杭州、绍兴等地。河虾中含有丰富的镁，而镁是人体必需的一种矿物质元素。

任务三　东坡肉

图7-3-1

♣ 原料组成

主料：猪五花肉（以金华"两头乌"猪为佳）。

调料：姜块50克，葱结50克，绍酒250克，酱油150克，白糖100克。

◎ 制作步骤

　　①选料。选用皮薄、肉厚的猪五花肉，刮净皮上余毛，用温水洗净。（图7-3-2）

　　②焯水，刀工成形。将肉放入沸水锅内煮5分钟，煮出血水，再洗净，切成

20块方块（均匀切，每块重75克）。（图7-3-3）

图7-3-2
图7-3-3

③焖制。取砂锅1只，用小蒸架垫底，先铺上葱结、姜块，然后将肉块皮朝下整齐地排在上面，加白糖、酱油、绍酒，再加葱结，盖上锅盖，旺火烧开后密封，改用微火焖2小时，至肉八成酥时启盖，将肉块翻面令皮朝上，再加盖密封，继续用微火焖酥。（图7-3-4、图7-3-5）

图7-3-4
图7-3-5

④蒸制。砂锅端离火口，撇去浮油，肉块皮朝上装入特制的陶罐中，加盖，用"桃花纸"条密封罐盖四周，上笼用旺火蒸半小时，至肉酥透。食前将陶罐放入蒸笼，再用旺火蒸10分钟即可。（图7-3-6）

图7-3-6

 菜品标准

　　成品色泽红亮，味醇汁浓，酥烂而形不碎，香糯而不腻口。

温馨提示　　①选用新鲜且皮薄、肉厚同时肥瘦相间的猪五花肉，经氽煮定形后，用直刀切成大小均匀的方块。

②焖蒸结合掌握好火候，用旺火煮沸，小火焖酥，再用旺火蒸至酥透，达到形不变、肉酥烂的要求。

🌲 相关链接

　　苏东坡名列唐宋八大家，在烹调艺术上也有一绝。相传苏东坡在杭州任知州期间，组织民众疏浚西湖，筑堤建桥，使西湖旧貌变新颜。杭州的老百姓很感谢他，听说他在徐州、黄州时最喜欢吃猪肉，于是到过年的时候，大家就抬猪担酒来给他拜年。苏东坡收到后，便指点家人将肉切成方块，烧得红酥酥的，然后分送给参加西湖疏浚的民众吃，大家吃后无不称赞。苏东坡曾介绍他的烹调经验："慢著火，少著水，火候足时它自美。"后来人们用他的名字命名了"东坡肉"。可以说正是苏东坡的勤政爱民才成就了这道名菜。

任务四　龙井虾仁

图7-4-1

♣ 原料组成

主料：新鲜河虾1000克。
配料：蛋清1个，龙井新茶5克。
调料：绍酒15克，盐3克，味精2.5克，湿淀粉40克。

①原料加工。河虾去壳，挤出虾肉，盛入小竹箩里，用水反复搅洗至虾仁雪白，沥去水分，盛入碗内。（图7-4-2、图7-4-3）

②浆虾仁。虾仁加入盐和蛋清，用筷子搅拌至有黏性时，加入湿淀粉、味精拌匀，放置1小时使调料渗入虾仁（图7-4-4）。

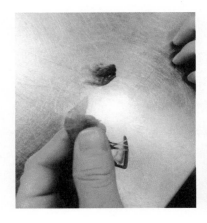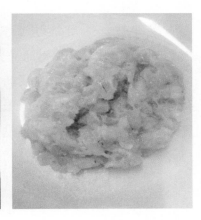

图7-4-2
图7-4-3
图7-4-4

③泡茶。龙井新茶用50克沸水泡开（不要加盖），放置1分钟，滗出30克茶汁，剩下的茶叶和余汁待用。

④滑油。锅置于中火上烧热，滑锅后下入色拉油，至130℃时，放入浆好的虾仁，并迅速用筷子划散，至虾仁呈玉白色时，倒入漏勺沥去油。（图7-4-5、图7-4-6）

图7-4-5
图7-4-6

⑤炒制。原锅留底油，虾仁倒入锅中，迅速把茶叶连汁倒入，烹入绍酒，颠动片刻即可出锅装盘。

菜品标准

取料讲究，清鲜味美，虾仁玉白、鲜嫩，茶叶碧绿，色泽雅丽。

相关链接

龙井虾仁选用新鲜河虾，配以龙井新茶烹制，取料讲究，清鲜味美，色泽雅丽，风味独特，是杭州的传统风味名菜。相传乾隆皇帝在一次下江南时，恰逢清明时节，他将当地官员进献的龙井新茶带回了行宫。当时，御厨正准备烹炒白玉虾仁，闻到皇帝钦赐的茶叶散发出一股清香，便突发奇想，将茶叶连汁作为佐料洒进炒虾仁的锅中，烧出了这道名菜。杭州的厨师听说后，即仿效烧出了富有杭州地方特色的龙井虾仁。

任务五　虾爆鳝背

图7-5-1

原料组成

主料：浆虾仁100克，生净黄鳝肉200克。

调料：盐1克，醋15克，蒜泥6克，面粉25克，绍酒10克，湿淀粉25克，酱油15克，麻油15克，白糖15克。

①刀工成形，挂糊。将生净黄鳝肉切成长6.5厘米、宽2厘米的鳝条，用15克湿淀粉、面粉、盐搅匀待用（不能多捏，以防脱壳）。（图7-5-2、图7-5-3）

图7-5-2
图7-5-3

②调汁。蒜泥、绍酒、酱油、白糖、醋和10克湿淀粉放入小碗调成芡汁待用。

③滑油。锅置于中火上烧热，用油滑锅后，下入色拉油，烧至120℃左右时，虾仁入锅划散，倒入漏勺沥去油。

④炸制。中火热锅，下入色拉油，烧至七成热时，鳝条分散入锅，炸制1分钟左右捞出，拨开粘连，待油温升至八成热时，再入锅炸至外层松脆，即倒入漏勺沥去油，倒入盘中。（图7-5-4）

图7-5-4

⑤浇汁，装盘。原锅留少许底油，将调好的芡汁加100克水搅匀，倒入锅中勾芡，淋入麻油，出锅浇在鳝条上，放上虾仁即可。（图7-5-5、图7-5-6）

图7-5-5
图7-5-6

 菜品标准

虾仁玉白鲜嫩；鳝条色泽黄亮，外脆里嫩，蒜香四溢，酸甜可口。

 温馨提示

①选料以每条重量在125克左右的新鲜黄鳝为宜。
②初炸时油温控制为七成热，复炸时八成热。

相关链接

黄鳝营养价值高，一年四季均产，但以小暑前后者为佳，民间有"小暑黄鳝赛人参"的说法。

任务六　蟹酿橙

图7-6-1

原料组成

主料：甜橙10只（1000克），河蟹1500克。
配料：白菊花10朵。

调料：醋110克，香雪酒265克，姜末2克，白糖5克，盐5克，麻油50克，醋1小碟，盐1小碟。

制作步骤

①取蟹粉。河蟹煮熟，剔取蟹粉待用。（图7-6-2、图7-6-3）

图7-6-2
图7-6-3

②制橙盅。甜橙洗净，分别在顶端用三角刀戳出一圈锯齿形，掀开上盖，取出橙肉和橙汁。取10只深碗，每只加入25克香雪酒、10克醋、一朵白菊花。（图7-6-4）

③炒蟹粉。锅置于中火上，下入25克麻油，投入姜末、蟹粉稍煸，倒入橙汁及一半橙肉，加入15克香雪酒、10克醋、白糖，煸熟，淋上25克麻油，盛入盘中摊凉，分成10份，分别装入橙盅中，盖上橙盖。（图7-6-5、图7-6-6）

图7-6-4
图7-6-5

④蒸制。甜橙整齐摆放在深碗中，用玻璃纸包裹整个深碗，上笼用旺火蒸10分钟即可。上桌随带醋、盐各1小碟，供蘸食。（图7-6-7）

图7-6-6
图7-6-7

成品口味鲜香，形态美观，后味醇浓。

温馨提示

①用小刀垂直将中间的橙肉挖出，注意不要用力过猛，防止橙盅破损。

②取蟹粉要活用工具，要有耐心。

③炒蟹粉时不可放入味精。

④蒸制的时间不可过长，否则易使橙盅变形。

相关链接

此菜根据宋代林洪《山家清供》的记载开发研制。其味香鲜，其形艳美，酒醇、菊香、蟹肥，风味独特，后味醇浓，"使人有新酒、菊花、香橙、螃蟹之兴"。蟹酿橙是南宋名菜之一。《赞蟹》赞美此菜："黄中通理，美在其中，畅于四肢，美之至也。"

任务七　栗子香菇

图7-7-1

原料组成

主料：栗子300克，水发香菇75克。

配料：菜心100克。

调料：湿淀粉10克，酱油20克，麻油10克，白糖10克，清汤150克，味精2克。

制作步骤

①原料加工。选直径2.5厘米的水发香菇去蒂洗净。栗子横割一刀（深至栗肉的4/5），放入沸水煮至壳裂，用漏勺捞出，剥壳去膜。（图7-7-2、图7-7-3）

图7-7-2
图7-7-3

②烹制。锅置于旺火上烧热，下入色拉油，倒入栗子、水发香菇略煸炒，加入酱油、白糖和清汤，烧沸后，放入味精，用湿淀粉勾芡，淋上麻油，出锅装盘，四周缀上焯熟的菜心即可。（图7-7-4）

图7-7-4

菜品标准

成品色彩分明，清爽美观，香酥鲜嫩。

温馨提示

①水发香菇大小均匀，以直径2.5厘米左右为宜。
②新鲜嫩栗应生剥去膜，老栗子要蒸酥再用。

相关链接

栗子香菇是杭州传统名菜中的深秋时令菜肴。栗子，有"千果之王"的美誉，果实粉糯，水发香菇肉质嫩滑，一菜两味，配以绿色的菜心，色彩分明，清爽美观，香酥鲜嫩。栗子香菇是1956年浙江省认定的36种杭州名菜之一。

图7-8-1

原料组成

主料：鲜莼菜175克。

配料：熟火腿肉25克，熟鸡脯肉50克。

调料：盐2.5克，熟鸡油5克，味精2.5克，鸡肉火腿原汤汁350克。

制作步骤

①刀工成形。熟鸡脯肉、熟火腿肉切成长6.5厘米的细丝。（图7-8-2、图7-8-3）

图7-8-2
图7-8-3

②焯水。锅内放入500克水，置于旺火上烧沸，放入鲜莼菜，水沸后立即用漏勺捞出，沥去水，盛入汤盘中。（图7-8-4）

③烹制。鸡肉火腿原汤汁入锅，加盐烧沸后加入味精，浇在莼菜上，再摆上鸡丝、火腿丝，淋上熟鸡油即可。（图7-8-5）

 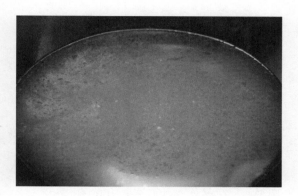

图7-8-4
图7-8-5

 菜品标准

成品色彩鲜艳，滑嫩清香，汤醇味美。

温馨提示

①鲜莼菜必须用沸水焯一遍，焯制时间要短，以保持色泽翠绿并去除异味。
②用鸡肉火腿原汤汁或高级清汤氽制调味。

相关链接

西湖莼菜汤又称鸡火莼菜汤。选用鲜莼菜作为原料，味道鲜美，别具特色。莼菜又名水葵、荷叶菜、湖菜，以太湖、西湖所产为佳，以浙江萧山湘湖产量最大，春夏两季采嫩叶做菜。莼菜以色绿、滑软、细嫩者为佳。杭州西湖种植莼菜已有悠久的历史，明代《西湖游览志》就有记载。"莼羹鲈脍""莼鲈之思"的典故，早在《世说新语》中就已出现，这两个词也成为表达思乡之情的成语。

近些年，随着野生莼菜所需的洁净湿地迅速消失，为保留种子资源和基因多样性，野生莼菜被列为国家一级保护物种。目前市面上销售的莼菜都是人工栽种的。作为餐饮服务人员，我们应该时刻把保护环境、绿色发展的理念牢记于心。

项目八　绍兴风味

绍兴物产丰富，民风淳朴，地处东南沿海，经济相对发达，古时被称为"会稽"。千百年来，各地各族甚至海外人士在此驻留过往，带来了异地他乡的饮食风味。绍兴作为物产丰富的鱼米之乡、水乡泽国，形成了"大菜繁花似锦、小吃灿烂如星"的饮食风貌，蕴含着丰富多彩的民风食俗。作为中国八大菜系之一浙菜的发祥地、江南美食的原生地，追根溯源，许多菜品都来自绍兴民间的民风食俗。

绍兴众多食俗中极为典型的要算是"咸"了，以咸成鲜，以咸促糟，以咸益霉，使绍兴有了"耐人寻味"的酱腌类食物，有了鲜咸合一的吃法，有了糟醉系列的佳肴，有了诸如酱鸭、鱼干、腌菜、霉干菜、卤黄瓜等名特产。绍兴具有丰富的民俗文化底蕴，有许多极具生命力的民间菜肴，寻常百姓饭桌上常见的饮食，有些往往是融合了历史、地理、民俗等诸多元素的菜肴。例如，十碗头寓意十全十美，吉庆祥和，美满齐备，书写着邻里和睦的民风民俗；扎肉以块代斤，反映着包容与理解的民间智慧……这些都是绍兴菜肴取之不尽的源泉，经过不断传承创新，将给绍兴菜肴带来无限生命力。

本项目主要介绍了绍兴传统名菜与饮食习俗，在相关链接中介绍了部分菜肴的历史典故。

图8-1-1

原料组成

主料：带皮猪五花肉400克，芥菜干60克。

调料：白糖40克，八角2粒，桂皮1小片，绍酒5克，酱油25克，红曲米、味精适量。

制作步骤

①刀工成形。将带皮猪五花肉切成2厘米见方的小块，芥菜干切成0.5厘米长的粒待用。

②焯水。肉块在沸水锅焯1分钟后，用冷水洗一遍待用。

③煮制。锅内放250克水，加酱油、八角、桂皮、红曲米，放进肉块，用旺火煮10分钟后，将芥菜粒、白糖入锅，改用中火烧煮至卤汁将干时，去除八角、桂皮，加入味精出锅。

④蒸制。取瓦罐一只，先用少许芥菜粒垫底，然后将肉块皮朝上整齐地排摆于上，把剩下的芥菜干盖在肉上，加入绍酒，上蒸笼用旺火蒸2小时，至肉酥糯取出即可。

菜品标准

带皮猪五花肉切成2厘米见方的小块，大小均匀，肉色枣红，油而不腻，芥菜干咸鲜甘美。

温馨提示

①带皮猪五花肉必须切方正。

②加入红曲米使肉块色泽更加红亮。

③肉必须蒸至酥糯。

相关链接

干菜焖肉为绍兴的传统名菜。相传此菜系明代文学家、书画家徐渭所创。徐渭虽诗、文、书、画无一不精，晚年却潦倒不堪。其时，山阴城内大乘弄口新开一肉铺，店主请徐渭书写招牌，书就后，店主以一方五花肉酬谢。徐渭正数月不知肉味，十分高兴，急忙回家烧煮，可惜身无分文，无法买盐购酱，想起床底下的缸内还存有一些霉干菜，便用霉干菜一起蒸煮，不料其味甚佳。从此，这种做法在民间传了开来。

干菜焖肉流传至今，成了绍兴名菜，深受食客赞誉。周恩来总理就曾用此菜招待外宾。

任务二　清汤越鸡

图8-2-1

🍀 原料组成

主料：童子越鸡一只（1250克）。

配料：熟火腿肉片25克，笋片25克，水发香菇25克，菜心若干。

调料：绍酒25克，盐4克。

🍥 制作步骤

①原料加工。取童子越鸡1只，从尾部稍开口，取出内脏，洗净，去脚爪，敲断腿骨。

②焯水。童子越鸡在沸水中稍焯，洗净血污待用。（图8-2-2、图8-2-3）

图8-2-2
图8-2-3

③烹制。童子越鸡放在蒸架上（背朝上），下2500克水，加盖旺火烧沸，去掉浮沫，移至小火继续焖煮，至八成熟，捞出放入锅内（背朝下），倒入原汁至淹没鸡腹为止，然后加入熟火腿肉片、笋片、水发香菇、绍酒、盐，旺火蒸半小时，放入已焯熟的菜心即可。（图8-2-4）

图8-2-4

💎 菜品标准

成品肉质鲜嫩，鸡骨松脆，汤清味鲜。

温馨提示

①越鸡必须是童子鸡，不能太重。

②越鸡必须焯水，洗净血污，否则汤不清。

相关链接

春秋时，绍兴曾是越国都城，越鸡因产于此而得名。正宗的越鸡只产于绍兴城内龙山东面泰清里一带，那里有龙山、蒙泉两口山泉，附近草木丛生，昆虫特别多，为越鸡提供了丰富的天然饲料，再加上甘泉的滋养，所以越鸡肉质细嫩，骨骼酥脆，烧熟后清香四溢，因而驰名海内外，清时被定为贡品。

任务三　清汤鱼圆

图8-3-1

原料组成

主料：净鲢鱼肉200克。

配料：熟火腿肉3片，熟笋片3片，熟香菇1朵，豌豆苗25克，菜心少许。

调料：盐17克，味精2.5克，清汤750克，熟鸡油2.5克。

①刀工成形。净鲢鱼肉置于砧板上，排剁至鱼茸有黏性，盛入容器待用。
（图8-3-2～图8-3-4）

图8-3-2
图8-3-3

②上浆。鱼茸加入400克水、盐、味精，搅拌上劲至起小泡，静置几分钟，让其涨发。（图8-3-5）

③氽制。锅内加入1500克冷水，鱼茸挤成24颗鱼圆略养片刻，至火上烧养至熟。（图8-3-6）

图8-3-4

图8-3-5
图8-3-6

④调味。清汤倒入锅中，置于旺火上烧沸后，把鱼圆下入锅中，加盐、味精、豌豆苗，盛入品锅内，熟火腿肉片、熟笋片置于鱼圆上，中间放上1朵熟香菇，四周用菜心点缀，淋上熟鸡油即可。

◆菜品标准

鱼圆大小均匀，直径4厘米，滑嫩洁白，汤清味鲜。

①掌握水、盐、鱼茸的比例。

②制作鱼茸时剁要细腻，排要均匀。

③血水漂尽，鱼茸搅拌上劲。

④汆制时掌握好火候。

相关链接

相传秦始皇喜食鱼，又怕鱼刺，官吏们遂令厨师烹制无刺鱼肴，几位厨师均告失败而丢了性命。一日，一张姓厨师将鱼肉斩得粉碎，加以盐、水搅拌，汆制成汤，献于秦始皇。秦始皇品尝后，备感新奇，顿时龙颜大悦，张姓厨师不但保住了性命，而且得到了奖赏。从此此制法流传于世，历经改良成为鱼圆。绍兴的鱼圆洁白、滑嫩、个圆、味鲜，原汁原味，别具风味，在制作上实行"三不加"，即不加蛋清、不加油脂、不加淀粉。

任务四　白鲞扣鸡

图8-4-1

原料组成

主料：六成熟鸡脯肉150克，六成熟鸡翅50克，优质净白鲞100克。

配料：生菜叶适量。

调料：绍酒25克，原汁鸡汤150克，葱白段、花椒、葱花若干，熟鸡油适量。

①刀工成形。六成熟鸡脯肉加工成同样大小的鸡肉条12块，六成熟鸡翅加工成长条形6块，优质净白鲞100克加工成长1.5厘米、宽0.5厘米的鲞块12块，剩余的切成小方块。（图8-4-2）

②蒸制。取中碗1只，放入花椒、葱白段，将鸡肉条平摊摆到碗中间（皮朝下），鲞块贴碗边摆放在鸡肉条周围，然后将剩下的鸡肉条、鲞块掺和后摆放到碗中心，加入绍酒及原汁鸡汤，上笼用旺火蒸制，待白鲞发软熟透时，扣入另一垫有生菜叶的中碗中，去掉葱白段及花椒，撒上葱花及原汁鸡汤，再淋上熟鸡油即可。

图8-4-2

温馨提示

①刀工成形必须按规格要求。
②用旺火蒸制，白鲞必须熟透。

◆ 菜品标准

鸡肉鲜嫩，鲞肉干酥，鲜咸合一，香醇爽口。

▲ 相关链接

白鲞扣鸡是绍兴民间的地方传统佳肴，鲜美而咸香，肉质软滑，风味独特。白鲞是用大黄鱼加工制成的咸干品，味鲜美，肉结实，为名贵海产品。越鸡为绍兴历史贡品、著名特产，鲜嫩肥美。白鲞与越鸡搭配，同蒸成肴，两味掺和，鸡有鲞香，鲞有鸡鲜，鲜咸入味，香醇清口，富有回味，是绍兴菜肴鲜咸合一风味的典型代表。

图8-5-1

♣ 原料组成

主料：鱼圆8颗，肉圆8颗，虾仁8只，鱼肚8片，笋片8片，香菇8朵，鸡肫8只，蛋黄糕8片，蛋白糕8片，猪肚8片。

调料：高汤500克，盐5克。

◐ 制作步骤

①备料。将鱼圆、肉圆、虾仁、鱼肚、笋片、香菇、鸡肫、蛋黄糕、蛋白糕、猪肚等原料准备好。

②炖制。在锅中放入高汤，待烧沸后依次放入鱼圆、肉圆、虾仁、鱼肚、笋片、香菇、鸡肫、蛋黄糕、蛋白糕、猪肚，中小火炖10分钟，放入5克盐，出锅装盘。

温馨提示

①原料必须是半成品。

②采用中小火炖制。

 菜品标准

鲜嫩，鲜咸合一，香醇爽口。

 相关链接

据传，隋朝杨素为了扩建绍兴城，叫石匠在离绍兴城3.5千米的青石山开采石料，石匠们为了图吉利，每年农历七月十三都在一起吃团圆饭，其中一道菜必是绍什锦。以后经过厨师的改进，绍什锦成为绍兴的一道传统名菜。

任务六　绍式小扣

图8-6-1

 原料组成

主料：带皮猪五花肉1块（300克）。
配料：水发黄花菜7.5克。
调料：葱花1克，八角0.5克，白糖15克，绍酒10克，酱油25克。

 制作步骤

①原料加工1。带皮猪五花肉刮去细毛，用温水洗净，放入锅中煮2分钟，转入冷水中洗一下，再放入锅中，倒入清水浸没，用中火煮30分钟至六成熟，将大部分汤水倒出，加入5克白糖、酱油稍煮，肉皮红润时捞起沥干，原汁留用。

②原料加工2。锅置于旺火上，下入熟菜油，八成热时，把肉块皮朝下放入油锅，迅速盖上锅盖炸1分钟，启盖复炸1分钟，捞出冷却后切成10片。水发黄花菜切成长段待用。

③蒸制。取扣碗1只，用八角垫底，取8片肉（皮朝下）在碗中摆成瓦楞形，余下2片放在两侧，然后加入原汁、绍酒、10克白糖，码上黄花菜，盖上大碗，上笼用旺火蒸1小时取出，扣入碗中，撒上葱花即可。（图8-6-2、图8-6-3）

图8-6-2
图8-6-3

温馨提示

①带皮猪五花肉切成片状。

②炸制的时间不能太长，肉色不能发黑。

💎 菜品标准

成品色泽红亮，酥而不烂，油而不腻。

🔺🔺 相关链接

绍式小扣是绍兴百年老店兰香馆的看家菜，清同治年间，有绍籍赵姓夫妻俩在大江桥脚摆一小饭摊，双眼炉灶，几张小板桌，几条长凳。购菜、洗汰、墩头、锅头、托盘、上菜都由夫妻俩上下打理，招徕过往客商。因其态度和蔼，饭菜好吃，生意日见兴隆，颇有盈利，初为露天营业，后改摊为店。夫妻俩膝下无子，有女名"兰香"，遂将饭店取名为"兰香馆"。绍式小扣是婚庆喜宴、团圆聚餐的必上之肴。

任务七　油炸臭豆腐

图8-7-1

♣ 原料组成

主料：精制绍兴臭豆腐8片。
调料：甜面酱1小碟，辣椒酱1小碟。

◯ 制作步骤

①刀工成形。将臭豆腐片切成大小均匀的方块。
②炸制。锅置于中火上，放入炸用植物油，烧至六成热时逐块下入臭豆腐块，炸至臭豆腐块膨空焦脆即可捞出，沥去油，装入盘内，用筷子在每块臭豆腐块中间扎一个眼儿。上桌随带甜面酱、辣椒酱各1小碟。（图8-7-2~图8-7-4）

图8-7-2
图8-7-3

图8-7-4

温馨提示

控制油温，防止臭豆腐块炸制时粘连。

◆ 菜品标准

成品远臭近香，外焦里嫩。

▲ 相关链接

臭豆腐制备卤水配方：苋菜梗12%～13%、竹笋12%～13%、鲜豆汁4%～6%、雪菜9%～11%、姜2%～3%、甘草2%～3%、花椒0.2%～0.3%、黄酒4%～6%、盐4%～6%和余量的水。将苋菜梗、竹笋、鲜豆汁、姜、甘草、花椒和水混合烧煮，冷却后加入雪菜、黄酒和盐，置于容器内，发酵四个月至一年，即可得到卤水。

项目九　宁波风味

宁波的饮食文化源远流长，有"四明三千里，物产甲东南"之说。从河姆渡文化遗址出土的籼稻、菱角、酸枣，釜中常见的鱼、鳖、蚌以及罐、盆、钵等陶器来看，当时人们已经开始进行简单的烹调了。早在《史记》中就有"楚越之地""饭稻羹鱼"的记载，此即最早的"黄鱼羹"之说。南北朝时期，余姚人虞悰就曾开浙东饮食文化研究之先河，撰成《食珍录》一书，这是浙江有史以来最早的一本饮食著作。

宁波菜肴简称"甬菜"，是浙江菜系中的重要组成部分之一。宁波菜肴的风格特点是鲜咸合一，讲究鲜、嫩、软、滑，注重原汁原味。宁波菜肴擅长海鲜烹制，以蒸、煮、炖、烧等技法为主，辅以腌、腊、糟等原料加工手段，常将鲜活原料与海产干制品或腌制原料放在一起烹调，由此产生滋味独特的复合味，鲜美异常，无以逾比。宁波菜肴注重原料本味的保持及发挥，朴实无华，味鲜重咸，常尝其味，不觉厌腻，故有"下饭"之称。

宁波菜肴以当地特有的原料，精心烹调形成享有盛誉的十大名菜，是宁波传统餐饮文化中令人自豪的一笔。它们是冰糖甲鱼、锅烧河鳗、黄鱼海参、苔菜小方燠、网油包鹅肝、苔菜拖黄鱼、腐皮包黄鱼、宁式鳝丝、火踵全鸡、雪菜大汤黄鱼。除十大名菜外，宁波脍炙人口的特色菜肴还有墨鱼柳叶大燠、奉化摇蚶、黄鱼鱼肚、炒跳鱼片、咸菜卤蒸蛏、新风鳗鲞、黄泥螺、红膏咸蟹等。宁波风味的点心、小吃品种也颇多，而且品味各异、自成特色。它们有猪油汤团、龙凤金团、水晶油包、八宝饭、小笼包、鲜肉馄饨、三丝宴面、酒酿圆子等。

新派甬菜的形成大约是在20世纪80年代，新派甬菜在烹调上广泛吸收其他菜系的特点，并将其融入自己的烹调技术中来，器皿装饰上新颖别致，调味品种上丰富多样，推出了一大批具有宁波特色的菜肴，如蟹盅、虾盖碗、酸辣米鱼羹、芝士焗白蟹、椒盐香芋等，具有极强的生命力。

图9-1-1

🍀 原料组成

主料：甲鱼2只（750克），熟笋肉100克。

调料：葱段10克，葱结10克，姜块25克，蒜15克，绍酒100克，酱油75克，冰糖150克，醋100克，湿淀粉30克，熟猪油125克。

🍃 制作步骤

①刀工成形。每只甲鱼切成6块，用冷水洗一下。熟笋肉切成滚料块。（图9-1-2）

②焯水。锅内加水烧沸，放入甲鱼块焯一下，捞入漏勺，用水洗净。（图9-1-3）

图9-1-2
图9-1-3

③成熟。锅内加水，放入甲鱼块，加绍酒、姜块、葱结，烧沸后，移至小火上，焖至甲鱼块酥烂，取出姜块、葱结。（图9-1-4）

④调味。锅中下入50克熟猪油，放入蒜略爆。甲鱼块连同原汁一起下锅，加绍酒、冰糖、笋块、酱油、醋，烧沸后，移至小火上焖5分钟。（图9-1-5）

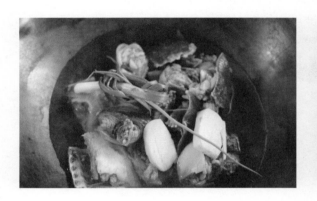 

图9-1-4
图9-1-5

⑤勾芡。用旺火将卤汁收浓，用湿淀粉勾芡，使芡汁包住甲鱼块。淋入熟猪油，把锅转动一下，烧至起泡时出锅，装盘后放上葱段、撒上冰糖即可。（图9-1-6）

图9-1-6

◆ 菜品标准

成品色泽明亮，绵糯润口，香甜酸咸。

温馨提示

①由于甲鱼有较重的腥味，初步加工时要注意去净外皮黏膜和腹腔黑膜，进行刀工处理时要剁去甲鱼脊椎骨。

②注意小火焖至酥烂，大火收浓卤汁。

③此菜用芡汁、热油裹紧甲鱼块，能保持较长时间的热度。

相关链接

甲鱼的初步加工

①将甲鱼仰放在地上，待甲鱼头伸出时，拉出项颈，割断颈骨，放出血。

②用90℃热水泡一下。

③剥去外皮黏膜和腹腔黑膜，斩去嘴尖、尾、爪尖，再用刀尖在腹部中间剖十字刀，挖去内脏，斩去脊椎骨，用水清洗干净。

任务二　雪菜大汤黄鱼

图9-2-1

原料组成

主料：大黄鱼1条（750克）。

配料：雪里蕻菜梗100克，熟笋肉50克。

调料：姜片10克，葱结12克，葱段12克，绍酒15克，盐5克，味精1克，熟猪油75克。

制作步骤

①刀工成形。大黄鱼剖洗干净，剁去胸鳍、背鳍，在鱼身两侧各剞几条细纹花刀。雪里蕻菜梗切成细粒。熟笋肉切成柳叶片。（图9-2-2）

②煎制。锅置于旺火上，下入熟猪油，烧至七成热，投入姜片略煸，继而推入大黄鱼煎至两面略黄，烹入绍酒，盖上锅盖稍焖。（图9-2-3）

③煮制。舀入750克沸水，放上葱结，改为中火焖烧8分钟，当鱼眼珠呈白色、鱼肩略脱时，去除葱结。（图9-2-4）

④调味。加入盐，放入笋片、雪里蕻菜粒和熟猪油，改用旺火烧沸，当汤汁呈乳白色时，添加味精，将鱼和汤同时盛在大碗中，撒上葱段即可。（图9-2-5）

图9-2-2
图9-2-3

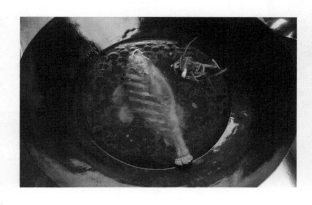

图9-2-4
图9-2-5

 菜品标准

鱼体肥壮，肉质结实，汤汁乳白浓醇，口味鲜咸合一。

温馨提示

①大黄鱼头部的皮腥味重，要去掉。

②刀工处理要深浅一致，距离相等。

③煮制时不宜过早加入调料和有咸味的雪里蕻菜粒，要在汤色乳白、出锅前加。这样能使雪里蕻菜粒保持脆嫩。

相关链接

雪里蕻菜在宁波几乎是每家常备之菜。当地有句老话"三天勿喝咸菜汤，两脚有点酸汪汪"，以此表达对雪里蕻菜的喜好。

图9-3-1

♣ 原料组成

主料：净黄鱼肉200克，苔菜5克。
调料：绍酒5克，盐0.5克，面粉100克，淀粉20克，泡打粉5克。

◐ 制作步骤

①刀工成形，腌制。净黄鱼肉去皮，切成长6厘米、宽2厘米的鱼条（如用小黄鱼可以不去皮），加入绍酒、盐调味拌匀。苔菜切成末。（图9-3-2）

②调糊。面粉、淀粉、泡打粉搅成脆皮糊，然后放入苔菜末、10克色拉油，搅拌均匀。（图9-3-3）

图9-3-2
图9-3-3

③炸制。锅置于旺火上，下入色拉油，烧至五成热，鱼条挂上糊，投入油锅炸至结壳捞出沥油。（图9-3-4）

④复炸。六成热油温复炸，持漏勺不断翻动，炸至呈淡黄色时，捞起装盘即可。（图9-3-5）

图9-3-4
图9-3-5

 菜品标准

成品外形饱满光滑，色泽黄绿，外壳松脆，鱼肉鲜嫩。

温馨提示

①鱼条刀工处理粗细均匀。

②调糊比例正确，稠度适当（用筷子挑起糊时，糊略呈下滴状）。

③油温控制恰当，五成热时下锅，六成热时复炸。

相关链接

苔菜有清香味，是高蛋白、高膳食纤维、低脂肪、低能量，且富含矿物质和维生素的天然原料。

任务四　锅烧河鳗

图9-4-1

原料组成

主料：河鳗2条（700克）。

配料：熟笋肉100克，猪板油丁50克。

调料：葱段100克，姜片10克，桂皮5克，绍酒50克，酱油75克，白糖30克，盐3克，醋25克，熟猪油50克。

制作步骤

①刀工成形。河鳗斩去头、尾，切成长5厘米的鳗段。熟笋肉切成滚料块。（图9-4-2）

②初步熟处理。锅中放入熟猪油，用葱段铺底，将鳗段竖着摆放在上面，再铺上猪板油丁，然后放入绍酒、姜片、笋块、桂皮，加水，用旺火煮沸后，移至小火上焖煮1小时。（图9-4-3）

图9-4-2
图9-4-3

③去葱、姜。至汤汁剩1/4、鳗段酥烂时，去掉葱段、姜片、桂皮。（图9-4-4）

④调味。锅移至旺火上，放入酱油、盐、白糖、醋调味。（图9-4-5）

图9-4-4
图9-4-5

⑤收汁。烧至汤汁稠浓，淋上熟猪油，把锅转动几下（不要让鳗鱼皮脱落），出锅装盘即可。（图9-4-6）

图9-4-6

◆ 菜品标准

　　河鳗肉质细嫩，酥糯香润，色泽红亮，味鲜微甜，汁浓有胶质。

温馨提示

①焖煮时注意不要让葱段烧焦，以免有苦味。

②注意火候，防止河鳗碎烂。旋锅时注意不要让鳗皮脱落。

相关链接

河鳗的初步加工

①割断河鳗的喉管。（图9-4-7）

②在肛门处割一小口。（图9-4-8）

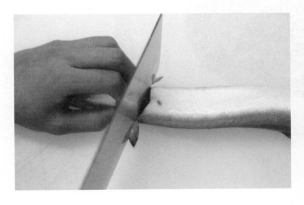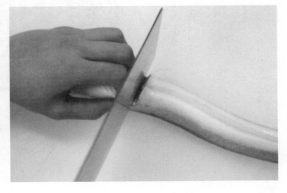

图9-4-7
图9-4-8

　　③用两只筷子从咽喉处插入鳗腹，一手握住鳗身，一手捏紧筷子向一个方向绞卷几下，把内脏从咽喉处卷出来。（图9-4-9）

　　④用沸水泡去河鳗周身的黏液。（图9-4-10）

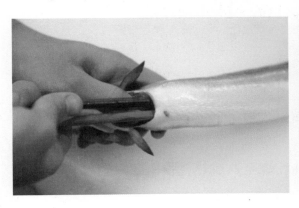

图9-4-9
图9-4-10

图9-4-11

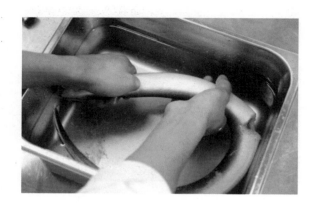

⑤去除黏液，冲洗干净。（图 9-4-11）

任务五　宁式鳝丝

图9-5-1

♣ 原料组成

主料：熟黄鳝丝300克，熟笋丝100克，韭黄50克。

调料：葱段2克，葱白段5克，姜汁水10克，姜丝5克，胡椒粉1克，绍酒25克，酱油30克，味精1.5克，奶汤75克，湿淀粉25克，麻油25克。

◆ 制作步骤

①刀工成形。熟黄鳝丝切成长5~6厘米的段。韭黄切成长4厘米的段。（图9-5-2）

②煸炒。锅置于中火上，下入色拉油，烧至八成热，投入葱段煸出香味，下

入鳝丝、姜丝煸炒，烹入绍酒和姜汁水，加锅盖稍焖。（图9-5-3）

图9-5-2
图9-5-3

③调味。加入酱油翻锅，放入笋丝和奶汤稍烧。（图9-5-4）

④勾芡。加入韭黄、葱白段、味精，用湿淀粉勾芡，随即淋上麻油，将锅内鳝丝颠翻几下，撒上胡椒粉即可。（图9-5-5）

图9-5-4
图9-5-5

◆ 菜品标准

成品嫩滑香鲜，油润肥美。

温馨提示

①采用当天宰杀的黄鳝处理成丝。

②韭黄下锅要注意时机，不宜过早，防止过熟渗水。

③勾芡要注意厚薄均匀。

⛰ 相关链接

鳝鱼一年四季均有生产，尤以小暑前后所产最肥嫩，此时的宁式鳝丝也进入了最佳食用季节。

图9-6-1

🍀 原料组成

主料：带皮猪五花肉600克。

配料：干苔菜25克。

调料：葱段5克，南乳汁25克，绍酒50克，酱油25克，白糖50克，熟猪油适量。

🌿 制作步骤

①刀工成形。带皮猪五花肉刮净皮上余毛，用沸水煮到约八成熟时，用漏勺捞起，切成2厘米见方的小块。（图9-6-2）

②调味。锅在旺火上烧热，下入猪油，下葱段略爆后，立即将肉块下锅，加绍酒、酱油、南乳汁、白糖，再加猪肉原汤，煮沸后，移至小火上烧20分钟。（图9-6-3）

③收汁。肉块烧至软烂后，移至旺火上将卤汁收浓。淋上熟猪油，转动炒锅，将肉块翻一个面，整齐摆放在平盘的一边。（图9-6-4）

④炸制。干苔菜去除杂质，扯松，切成寸段。锅中下入大豆油，烧至五成热（油温太高，苔菜易焦），放入苔菜速炸一下，立即用漏勺捞起（苔菜应保持绿色），放在平盘的另一边，撒上白糖即可。（图9-6-5）

图9-6-2
图9-6-3

图9-6-4
图9-6-5

 菜品标准

成品红绿相映，色泽美观，猪肉酥糯不腻，苔菜清香爽口，略带甜味。

温馨提示

①带皮猪五花肉切成2厘米见方的小块。

②调味要准确，酱油和南乳汁不宜过多，否则容易颜色过深、味道过咸。

③注意小火烧制时间，以肉块酥烂不走样为标准。

④油炸苔菜要注意油温和时间的控制，油温太高，苔菜易焦。

图9-7-1

♣ 原料组成

主料：蚶子750克。
调料：葱末10克，姜末15克，绍酒10克，酱油15克，麻油10克。

◯ 制作步骤

①烫制。蚶子放入沸水中略烫（不要烫得太熟，以免肉色发紫，没有鲜
味），随即取出。（图9-7-2）
②去壳。将烫好的蚶子剥去半边蚶壳。（图9-7-3）

图9-7-2
图9-7-3

③调制味汁，装盘。蚶子装盘，葱末、姜末、酱油、绍酒、麻油调成味汁。
（图9-7-4）

④淋汁。淋入味汁。（图9-7-5）

图9-7-4
图9-7-5

 菜品标准

蚶肉脆嫩润滑，清鲜味美。

①烫制的水温和时间十分重要，水温一般为90℃～100℃，时间一般为20～30秒，冬季时间略长，夏季时间略短。

②味汁调配比例适当。

温馨提示

相关链接

蚶子是宁波特产，个大壳薄肉厚，以沸水烫至刚熟食用，食时去壳，肉脆嫩润滑，清鲜味美，是春节前后的时令菜肴。

图9-8-1

原料组成

主料：蛏子400克。

配料：熟火腿肉25克，水发香菇50克，青椒100克。

调料：嫩姜丝10克，胡椒粉0.5克，绍酒15克，酱油25克，醋2克，盐2.5克，味精1克，麻油10克。

制作步骤

①成熟。蛏子放入沸水中煮至开壳成熟，取出蛏肉。（图9-8-2）

②刀工成形。熟火腿肉、水发香菇、青椒切成细丝。（图9-8-3）

图9-8-2
图9-8-3

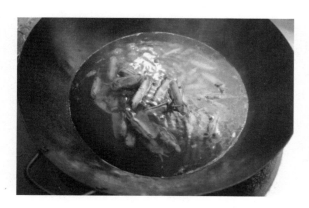 

③焯水。香菇丝、青椒丝放入沸水中焯一下，捞出后用煮蛏子的原汤浸渍2分钟，捞出冷却。（图9-8-4）

④调制味汁。蛏肉、香菇丝、青椒丝、味精、绍酒、盐一起拌匀，摆成葵花形列入盘中，淋上麻油，撒上熟火腿丝。嫩姜丝、醋、酱油、胡椒粉混合在小碟中，与蛏菜一起上席。（图9-8-5）

图9-8-4
图9-8-5

 菜品标准

蛏肉白、火腿红、嫩姜黄、香菇褐、青椒绿，五彩缤纷，口味清鲜，略带酸辣。

温馨提示

①蛏子煮至断生即可，这样才能保证原料鲜嫩爽口。

②配料刀工处理应均匀一致。

③调味准确，因为此菜主要是在夏季食用，宜清淡可口。

相关链接

蛏子，学名缢蛏，别名"小人仙"，富含碘和硒。据清《宁海县志》记载：蛏、蚌属，以田种之种之谓蛏田，形狭而长如中指，一名西施舌，言其美也。

　　温州古称"瓯越"，温州菜肴（瓯菜）口味清鲜，却淡而不薄，传统深厚，见于史载，已有2000多年历史。张华的《博物志》中记载"东南之人，食水产鱼蚌螺蛤以为珍味，不觉其腥"，《逸周书》载"欧（瓯）人蝉蛇，顺食之美""且瓯文蜃"，说的是当时的瓯越人，吃蛤、蛇，认为是上等珍品。经过温州人的创造、丰富，以鱼类为主的食俗又进一步得到发展和提高，逐步形成了菜系，并一直传承至今。

　　瓯菜定型于20世纪80年代，奠定了"以海鲜入为主；轻油轻芡，重刀工；口味清鲜，淡而不薄；烹调讲究，细巧雅致"的地方特色，并跻身于全省菜系的行列。以温州风味为代表的瓯菜，种类繁多，大多采用近海鲜鱼与江河小水产类为原料，活杀活烧，多以鲜炒、清汤、凉拌、卤味的形式出现。味是瓯菜的"灵魂"。

　　瓯菜非常重视烹调的营养科学方面，且符合科学标准。瓯菜口味淡而不薄，甘而不浓，酸而不酷，咸而不减，辛而不烈，对身体健康很有益处。瓯菜中的蒸制、氽制、煮制菜肴颇多，菜肴清淡，少油腻。瓯菜清淡的烹调方式，旨在激发食材本身的味道，制作出的菜肴有让人无法忘却的灵秀和清纯。例如，泽雅纸山及浙南山区农村的饭镬蒸，既节约时间、节能、低碳，又具有营养。保持原味的饭镬蒸，数百年来延续至今。芙蓉蜻子、干蒸江蟹、茄儿酱、酒蒸蛋虾、冬菇蒸鸡等是蒸制菜肴。敲鱼、全家福、竹荪鸽蛋、温州鱼丸汤、清汤虾仁、鲫鱼萝卜丝汤等是氽制、煮制菜肴。

任务一　蒜子鱼皮

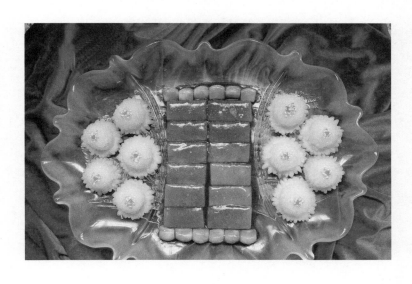

图10-1-1

原料组成

主料：水发鱼皮500克。

配料：蒜12瓣。

调料：清汤100克，葱末5克，姜末5克，酱油8克，绍酒10克，胡椒粉5克，味精3克，湿淀粉10克。

制作步骤

①刀工成形。水发鱼皮切成长方块，投入沸水中煮3分钟，沥净水。

②焯水。鱼皮块投入沸水锅焯熟，用冷水漂。

③烹制。锅置于小火上，下入半勺色拉油，投入蒜慢慢煸软，盛起部分蒜油留用。原锅下葱末、姜末，转旺火烹入绍酒，添清汤，加入酱油、胡椒粉，放入鱼皮块，沸后转小火烧透入味，再转中火加味精，用湿淀粉勾芡，淋入蒜油，推匀出锅，摆盘。

菜品标准

成品色亮汁浓，皮糯入味，蒜香突出。

温馨提示

①鱼皮要充分发好（厚鱼皮可发至3~6厘米厚），煮软后的鱼皮，要经刀工成形，水漂2天以上才能用于烹调。

②在正式烹制前，鱼皮宜经反复出水及用奶汤、绍酒煮后换水，以去除腥味。

③掌握好火候，做到旺火烧沸，小火烧透，再用旺火收汁并勾芡，才能使鱼皮烧入味。

相关链接

鱼皮含大量胶质和丰富的营养，每100克干鱼皮含蛋白质67.1克、铁16.5毫克。

任务二　爆墨鱼花

图10-2-1

原料组成

主料：净墨鱼肉400克。

调料：蒜末5克，盐2克，味精1克，胡椒粉2克，绍酒5克，奶汤75克，湿淀粉15克。

①刀工成形。净墨鱼肉剞上斜十字花刀，再切成5厘米见方的片。（图10-2-2）

图10-2-2

②调芡汁。蒜末、盐、绍酒、胡椒粉、味精、湿淀粉加少量水调成芡汁。

③烹制。墨鱼片先用沸水焯至半熟，再投入180℃的油锅中爆至八成熟，倒入漏勺，沥去油。（图10-2-3、图10-2-4）

图10-2-3
图10-2-4

④勾芡。锅留底油，倒入墨鱼花，冲入调好的对汁芡，颠翻均匀，使芡汁紧包墨鱼花，装盘点缀即可。

菜品标准

成品芡汁紧包，脆嫩香鲜。

①掌握好墨鱼片过油的温度。
②芡汁要恰当。

温馨提示

相关链接

温州人以墨鱼为原料，能制作很多菜肴，以爆墨鱼花最有特色。净墨鱼肉剞花刀，烧熟后片片墨鱼卷曲成麦穗状，造型美观。爆墨鱼花如果没有深厚的功底，难以展现造型，因此这是一道刀工、火候并重的名肴。

图10-3-1

♣ 原料组成

主料：对虾10只，鸡脯肉200克。
配料：熟火腿肉片5克，菜心30克，水发香菇30克。
调料：清汤500克，盐2克，绍酒3克，味精3克，干淀粉100克。

◯ 制作步骤

①原料加工。对虾去壳留尾，剔除肠线，洗净，沥干水，蘸上干淀粉，用小木槌敲成扇形备用。水发香菇对切成两片。鸡脯肉切片。（图10-3-2）
②焯水。虾片、水发香菇投入沸水锅焯熟，用冷水漂。鸡脯肉片焯熟。（图10-3-3）

图10-3-2
图10-3-3

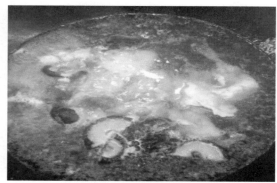

③煮制。锅中加清汤烧沸，下入虾片、水发香菇、菜心、熟火腿肉片、鸡脯肉片、盐、绍酒、味精，沸后撇去浮沫，出锅装盘。

 菜品标准

清，鲜，爽，滑。

温馨提示

①对虾要挑选新鲜且大小均匀一致的。
②虾片下锅焯水前先抖去多余的干粉。
③加热时间要短，以免虾片质感变老。

相关链接

　　三片敲虾是将对虾去壳留尾，蘸上干淀粉，用小木槌敲制成虾片，再用氽的烹调技法使虾肉色白透明，虾尾鲜红呈扇形，故又称"凤尾敲虾""玻璃虾扇"。三片敲虾是汤菜，虾片另配鸡脯肉片、熟火腿肉片、水发香菇片等，鲜美爽滑，清澈见底，乃温州传统名肴，与三丝敲鱼为姊妹菜，闻名中外。

任务四　三丝敲鱼

图10-4-1

原料组成

主料：净鮸鱼肉300克。
配料：熟火腿肉30克，水发香菇30克，熟鸡脯肉50克，小葱丝少许。
调料：清汤1000克，盐3克，味精3克，绍酒6克，干淀粉100克。

制作步骤

①原料加工。净鮸鱼肉批成片，逐片蘸干淀粉放在砧板上，用小木槌排敲成薄片。熟火腿肉、水发香菇、熟鸡脯肉切成细丝。
②焯水。鱼片入沸水锅焯熟，捞入冷水中过凉，斩成宽1.2厘米的条。
③煮制。锅上火加清汤烧开，下入鱼条、水发香菇丝，加盐、绍酒、味精烧沸，撇去浮沫，盛入汤碗，撒上熟火腿丝、熟鸡脯丝，点缀小葱丝即可。

菜品标准

汤清，味鲜，爽滑。

温馨提示

①原料加工时原料长短、粗细均匀一致。
②鱼片下锅焯水前先抖去多余的干淀粉。
③注意加热时间，以免鱼条过老。

相关链接

鮸鱼又称"大米鱼"，形似鲈鱼，体色发暗，灰褐并带有紫绿色，腹部灰白。鮸鱼肉质鲜美，为海产经济鱼类。除鲜食外，鮸鱼可作为制作鱼丸、敲鱼面的上等原料，在温州颇负盛名。全鱼还可制作罐头或加工成米鱼鲞，鱼鳞可制鳞胶，内脏、骨可制鱼粉、鱼油。

任务五　炸熘黄鱼

图10-5-1

原料组成

主料：大黄鱼1条（750克）。

配料：青豆20克，荸荠30克。

调料：盐5克，绍酒10克，酱油40克，白糖40克，醋30克，姜末10克，葱末5克，蒜末10克，鸡蛋1个，干淀粉100克，湿淀粉50克。

制作步骤

①刀工成形。在鱼身两侧剞上牡丹花刀，刀口翻出抹上绍酒、盐腌渍。荸荠切指甲片待用。

②拍粉。鱼身涂上蛋黄液，再拍上干淀粉，入七成热油锅炸至外脆里嫩，待油温回升后再入锅复炸至外层发脆，捞出装盘。

③勾芡。锅烧热加底油，下葱末、姜末、蒜末煸香后下青豆、荸荠稍炒，加绍酒、酱油、白糖和适量水，沸后用湿淀粉勾芡，加入醋，推入热油，迅速浇在鱼身上。

菜品标准

成品外脆里嫩，酸甜可口。

①拍粉应该以干淀粉为主，少用鸡蛋或面粉，因为使用鸡蛋或面粉成品容易回软。

②芡汁浓度要掌握好，挂汁以不糊不泄为好。

温馨提示

相关链接

炸熘黄鱼选用新鲜大黄鱼烹制，以鲜、嫩、香三大特色著称，是温州传统内味菜。此菜炸制和制卤紧密配合，上桌时气泡翻滚，吱吱作响，很能活跃宴席气氛。

任务六　温州鱼丸汤

图10-6-1

原料组成

主料：净鮸鱼肉400克。

调料：葱末、姜末各10克，盐4克，味精3克，白胡椒粉5克，醋6克，干淀粉50克。

制作步骤

①刀工成形。净鮸鱼肉切成细条。（图10-6-2）

②上浆。鱼条用葱末、姜末、盐、味精搅匀，分次加入干淀粉，用手揉搓至

带有黏性，且部分鱼肉呈鱼茸状。（图10-6-3、图10-6-4）

图10-6-2
图10-6-3

图10-6-4
图10-6-5

③汆制。锅加水烧开，鱼条制成珊瑚状入锅汆制，成熟后盛出，加入白胡椒粉和米醋食用。（图10-6-5）

💎 菜品标准

鱼条形似珊瑚，色泽洁白透红，口感鲜嫩柔软。

①鱼条要揉搓上劲，不可加绍酒。
②要掌握好摘鱼丸的技术，要呈均匀长条形。

温馨提示

🔺 相关链接

温州鱼丸汤是一道温州名菜，是水乡人家常见的风味小吃食品，汤色澄清，微带酸辣味，鱼丸有弹性，多为不规则长条形。1998年，温州鱼丸汤被定为"中华名小吃"之一。

嘉兴菜肴又称"禾菜"，主要是在嘉兴、海宁、桐乡、海盐、嘉善、平湖五县一市形成的地方风味菜。禾菜具有浓厚的江南特色，又兼有杭州菜肴和沪菜的特点。

嘉兴美食丰富多样，品类繁多，细节处更见功夫，既融合江南水乡的特色，又浸透吴越之灵气，尽显南方美食细腻清淡之特色、千年古文化之底蕴。嘉兴地处长江三角洲而扼其咽喉，东临大海，南倚钱塘江，北负太湖，西接天目之水，大运河纵贯境内，古往今来，饮食一道，尤为讲究，诞生了诸多别有风味的小吃，如嘉兴粽子、南湖菱、粉蒸肉、芡实糕、八珍糕、仔麻饼等，其中最具有代表性的当数嘉兴粽子。

嘉兴菜肴口味清鲜，咸中带甜，地方风味浓厚。嘉兴地方名菜：南湖炒蟹粉、咸肉黄鳝汤、文虎酱鸭。海宁地方名菜：八宝菜、缸肉、宴球、海宁三鲜。桐乡地方名菜：桐乡小羊肉、桂花糖炒年糕、香椿嵌臭干。海盐地方名菜：面焗黄甲蟹、天宝、龙眼大头菜。嘉善地方名菜：荷叶粉蒸肉、翠花鱼炖蛋、椒盐旁皮鱼。平湖地方名菜：平湖糟蛋、葱油鱼饼、油盐蟹。

任务一　八宝菜

图11-1-1

主料：干胡萝卜丝50克，金针菇20克，黑木耳20克，香干20克，千张20克，干香菇20克，干黄花菜20克，大头菜20克，油豆腐20克，春笋20克。

调料：盐5克，味精3克，麻油20克。

制作步骤

①涨发。干胡萝卜丝、黑木耳、干香菇、干黄花菜用水涨发后洗净备用。
②刀工成形。金针菇、黑木耳、香干、千张、香菇、黄花菜、大头菜、油豆腐、春笋分别加工成细丝。（图11-1-2）

图11-1-2

③烹制。加工好的主料下沸水锅焯水。热锅下入色拉油，先倒入涨发好的胡萝卜丝煸炒，再倒入焯水后的其他主料翻炒，加少许水并用盐、味精调味，略烧片刻翻锅，淋上麻油即可出锅。

菜品标准

成品色泽艳丽，粗细均匀，口感清脆，风味独特。

温馨提示

①刀工处理要求粗细均匀。
②干胡萝卜丝冷水涨发不要过久，避免影响口感，一般控制在10分钟。
③下锅煸炒时先将胡萝卜丝煸透，再下其他主料翻炒。

越剧《何文秀》中"桑园访妻"唱段精彩描写了海宁的地方菜，其中唱道：

"第一碗白鲞红炖天堂肉；

第二碗油煎鱼儿扑鼻香；

第三碗香芹蘑菇炖豆腐；

第四碗白菜香干炒千张；

第五碗酱烧胡桃浓又浓；

第六碗酱油花椒醉花生。"

任务二　缸肉

图11-2-1

原料组成

主料：带皮猪五花肉600克。

配料：红枣100克，鲜粽叶1包。

调料：酱油150克，绍兴加饭酒1500克，清水1500克，冰糖100克，盐50克。

◈ 制作步骤

①原料加工。带皮猪五花肉切成正方形，用洗净的稻草在肉块上扎十字形结。（图11-2-2）

②缸底填料。取烧肉缸，缸底铺上稻草编成的垫子，再填上新鲜粽叶，将扎好的肉块下入缸中。

③烹制。将红枣和调料放入缸中，先用旺火烧滚，再转入中火烧3~4小时，烧至肉块绵酥、浓香、味醇即可。

图11-2-2

◆ 菜品标准

成品色泽红亮，酥而不烂，油而不腻，味道醇厚。

①料必须一次性加足。

②旺火烧开后转中火。

③肉块下缸时肉皮朝下，中途翻面肉皮朝上。

温馨提示

🔺 相关链接

缸肉是一道流传于海宁及周边地区的著名乡土菜肴。当地一直沿用用缸煮肉的传统习俗。逢年过节，招待贵宾友人时桌上总可见缸肉；敬神祭祖、喜庆宴会，缸肉更是必不可少。

图11-3-1

⬧ 原料组成

主料：净鲢鱼肉250克，水发肉皮400克。

配料：猪肥膘肉100克，湿白木耳15克，熟笋肉50克，火腿滴油15克，韭黄15克，鸡蛋1个，葱丝、熟火腿丝少许。

调料：湿淀粉50克，绍酒4克，盐6克，味精3克，清汤150克，葱姜汁水50克。

◆ 制作步骤

①原料加工。净鲢鱼肉刮茸，水发肉皮切丝，猪肥膘肉、湿白木耳、熟笋肉、火腿滴油、韭黄切末。（图11-3-2）

②制茸。鱼茸加盐搅打上劲，加葱姜汁水拌匀，拌入配料末，加入味精，取蛋清加入拌匀，再加入少量色拉油拌匀，放入冰箱冷藏30分钟以上。

③成形蒸制。将鱼茸挤成直径4厘米的鱼圆，裹上肉皮丝放入蒸笼蒸制，上汽后蒸8分钟即可成熟。（图11-3-3）

图11-3-2
图11-3-3

④装盘。将蒸好的鱼圆装入盘中。锅中加入清汤，勾薄芡，淋入明油，调成芡汁。将芡汁淋浇在鱼圆上，撒上葱丝、熟火腿丝即可。

 菜品标准

鱼圆球形圆整，色泽淡黄，鱼肉鲜嫩。

温馨提示

①水发肉皮焯水去除油污，漂洗后挤干水分。

②鱼茸搅打要上劲，防止鱼茸太烂。

③蒸制要掌控时间，防止过老。

相关链接

宴球是海宁地方菜，起初是将鱼肉剁细，拌上熟猪肚肉、韭黄等做成鱼圆下锅汆制而成。经过多次改良，特别是增加肉皮丝，由煮改为蒸，宴球的口味、形态更加完美，但工序更复杂。

图11-4-1

 原料组成

主料：河虾50克，土鸡肉80克，草鱼肉80克，鹌鹑蛋70克，肉丸50克，肉皮50克，黑木耳30克，菜心100克，春笋40克。

调料：高汤150克，熟猪油30克，绍酒4克，盐2克，味精5克。

制作步骤

图11-4-2

①原料加工。春笋去壳切片，肉皮切菱形块，鹌鹑蛋煮熟去壳。（图11-4-2）

②烹制。菜心焯水待用。草鱼肉炸至金黄，土鸡肉、肉丸、笋片、鹌鹑蛋、黑木耳、肉皮一起焯水待用。锅中加入高汤，放入肉丸、笋片、鹌鹑蛋、黑木耳、肉皮、草鱼肉、土鸡肉，加入绍酒、熟猪油、盐、味精调味，放入河虾烧开即可，出锅装盘，用菜心围边点缀。

 菜品标准

汤鲜味醇，营养丰富，色泽亮丽。

温馨提示

①河虾最后下锅以保证鲜嫩。

②调味时注意清淡，控制好熟猪油的用量。

相关链接

海宁的饮食文化源远流长，菜肴具有浓郁的江南特色。海宁三鲜具有清、香、脆、嫩、爽、鲜的特点，烹饪独到，选料精细，注重本味，是浙菜的一个典范，也是海宁传统宴席的一道名菜。

任务五　盐炒肉

图11-5-1

原料组成

主料：带皮猪五花肉500克。

调料：绍酒100克，花椒50克，葱50克，姜50克，粗盐2000克。

制作步骤

①焯水。锅中放入2000克水，放入葱、姜、绍酒、带皮猪五花肉，煮沸后去浮沫，焖半小时，控干水分。（图11-5-2）

②刀工成形。带皮猪五花肉洗净去毛，切成2厘米见方的小块。（图

11-5-3）

图11-5-2
图11-5-3

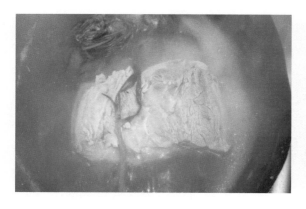

③炒制。炒热粗盐，放入姜、花椒、肉块，不断翻炒，至肉块出油，变成微黄色并有香味飘出。（图11-5-4、图11-5-5）

图11-5-4
图11-5-5

④蒸制。肉块去掉多余粗盐后盛入器皿，加保鲜膜干蒸半小时即可。

◆ 菜品标准

成品色泽金黄，肉块方正，咸香扑鼻，入口肥而不腻。

温馨提示

①焯水时要煮透，洗净后去毛。
②炒制时注意火候，防止肉块焦黑。
③蒸制时肉块要蒸出油。

🔺🔺 相关链接

海盐是杭嘉湖地区生猪养殖基地，旧时保存条件有限，再加上海盐人民朴实节俭的美德，造就了风味独特的盐炒肉。

项目十二　湖州风味

　　湖州地处太湖南岸，乃吴越之古邑，东南之望郡。这里港汊纵横，湖泊、河网、池塘密布，土地肥沃，气候湿润，物产丰富，山水清远，人文荟萃，美食资源丰富，美食文化悠久。

　　湖州历来是美食的天堂，在唐代有美食桃花鳜鱼，取意于张志和的《渔歌子·西塞山前白鹭飞》。在宋代有"春后银鱼霜下鲈，远人曾到合思吴"的银霜鲈脍。湖州多鱼塘，紧挨太湖，资源丰富，民间顺口溜道：太湖珍品蟹虾甲（有脚），青草鲫鳊不够格（大鳞），红黄黑白肉质细（细鳞），银鳗鳝鲶高蛋白（无鳞）。

　　湖州美食界的名师名厨不断学习，不断创新，以自己的聪明才智，以高超的才艺制作出了诸如酱羊肉、烂糊鳝丝、丁莲芳千张包子、诸老大粽子、双林子孙糕等名菜、名点。

任务一　洛舍肉饼子

图12-1-1

原料组成

主料：猪夹心肉250克，猪肥膘肉200克，荸荠100克。

调料：蒜末50克，鸡蛋2个，盐2克，白糖10克，绍酒20克，干淀粉75克，味精3克，醋1小碟。

制作步骤

①刀工成形。猪夹心肉去筋膜，切成黄豆大小的粒，猪肥膘肉、荸荠也切成黄豆大小的粒。（图12-1-2、图12-1-3）

图12-1-2
图12-1-3

②腌制。夹心肉粒、肥膘肉粒、荸荠粒放入碗中，加入蒜末、蛋液、绍酒、白糖、盐、味精，搅拌上劲，再加入干淀粉拌匀。（图12-1-4、图12-1-5）

图12-1-4
图12-1-5

③炸制。锅置于中火上，加入色拉油，加热至四成热时，改用小火。手心蘸一点儿清水（防粘连），放入一个肉圆，揿扁，下入油锅，待肉饼浮起结壳，捞出。待油温升至六成热时，放入肉饼复炸至呈金黄色，捞出装盘，附带1小碟醋上桌。（图12-1-6、图12-1-7）

图12-1-6
图12-1-7

 菜品标准

成品色泽金黄，口感松香，形状完整。

温馨提示

①刀工处理出的粒要大小均匀，不可太细，否则影响口感。

②初炸时油温控制在五成热，复炸时六成热；炸制时注意不可过老。

③注意肥瘦比例，一般为4∶6。

相关链接

洛舍肉饼子是湖州德清洛舍的一道传统菜肴，洛舍的特色菜肴有洛舍豆腐干、洛舍老豆腐、洛舍鱼丸、洛舍肉圆子和洛舍肉饼子。传统的肉饼都是将猪夹心肉剁成末，再加调配料制作而成的。而洛舍肉饼子是用切的方法，将猪夹心肉先切成小厚片，再切成条，最后切成黄豆大小的粒，这样经过腌渍搅打上劲，制作出来的肉饼口感松香，形状完整。

任务二　珍珠肉圆

图12-2-1

主料：猪夹心肉400克，糯米100克。
配料：葱花2克。
调料：葱姜汁水30克，绍酒5克，盐3克，味精2克，湿淀粉5克。

制作步骤

①刀工成形。猪夹心肉斩成肉末，加绍酒、盐、味精、葱姜汁水、湿淀粉，搅拌均匀至上劲，用手挤成直径4厘米的肉圆。（图12-2-2）

图12-2-2
图12-2-3

②成形。挤好的肉圆滚粘上一层糯米，整齐摆放在蒸笼里。（图12-2-3~图12-2-5）

图12-2-4
图12-2-5

③蒸制。入蒸箱蒸6~8分钟，上面撒上葱花即可。

菜品标准

糯米软糯，肉质结实，色白不腻。

①糯米泡制时间不能过长或过短，否则糯米蒸糊化或蒸不熟。
②搅拌肉末时不能太上劲。

温馨提示

相关链接

　　珍珠肉圆亦称"刺毛肉圆"，是选用猪夹心肉、糯米经蒸制成熟的。相传有一位厨师计划做红烧狮子头，不慎将肉圆掉到了旁边准备用来包粽子的湿糯米里，于是将错就错，将做好的肉圆放到糯米里滚一下，再上锅蒸，就成了珍珠肉圆。肉圆上粘着的糯米颗颗竖起，像刺毛一样，故珍珠肉圆也称"刺毛肉圆"。

任务三　酱羊肉

图12-3-1

原料组成

　　主料：带皮湖羊肉（剔去腿骨及扇骨）1200克。
　　调料：姜块25克，蒜25克，红枣30克，酱油50克，绍酒100克，红糖20克，小茴香5克（用纱布包好），干红辣椒2克，盐2克，姜末2克，鲜红辣椒末1克，蒜末10克，冰糖50克，胡椒粉0.2克。

制作步骤

①刀工成形。带皮湖羊肉斩成大块（每块200克，按部位分档）。

②焯水。锅中放入羊肉块，加水至浸没羊肉块，置于旺火上煮沸，撇净浮沫，羊肉块捞出，用水冲洗干净。

③烹制。原汤用漏勺去细渣，加入姜块、蒜、红枣、绍酒、酱油、红糖、冰糖、盐、干红辣椒和小茴香，搅拌均匀，放入羊肉块，使肉与汤齐平，盖上锅盖。大火烧开，撇去浮沫后，用小火焖2小时，启盖后，拣去姜块、蒜、红枣、干红辣椒和小茴香。食用前，拆去羊肉块的小骨，浇上原汤，撒上姜末、蒜末、鲜红辣椒末、胡椒粉即可。

菜品标准

成品色泽红亮，酥而不烂，汁浓味醇。

温馨提示

①选用两岁左右的湖羊。

②羊肉腥膻味较重，烹调时要放去除腥膻味的调料，调料的投放顺序和比例要恰当。

相关链接

湖羊是我国优良绵羊品种之一，属于国家一类保护畜种，具有生长快、成熟早、繁殖力强、耐湿热等优良特性。湖羊的产区在太湖流域，故得名。

湖羊肉质鲜美，营养丰富，具有瘦肉多、脂肪少、胆固醇含量低、肉质鲜嫩多汁、膻味轻的特点。

图12-4-1

♣ 原料组成

主料：净鲢鱼肉300克。

调料：盐10克，姜汁水50克，味精2克，鸡蛋2个，葱花10克，干淀粉适量。

◆ 制作步骤

①原料加工。净鲢鱼肉切成小片，用水漂净血水，用搅拌机加姜汁水打成鱼茸。（图12-4-2、图12-4-3）

 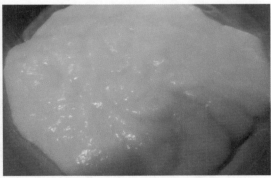

图12-4-2
图12-4-3

②上浆。将打好的鱼茸加盐、姜汁水搅拌上劲，再打入味精、鸡蛋、葱花、干淀粉搅拌均匀。（图12-4-4、图12-4-5）

图12-4-4
图12-4-5

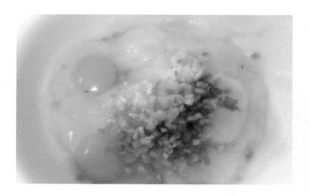

③炸制。锅烧热，加入色拉油，烧至四成热，鱼茸制成鱼圆入油锅炸至淡黄色即可出锅装盘。（图12-4-6、图12-4-7）

图12-4-6
图12-4-7

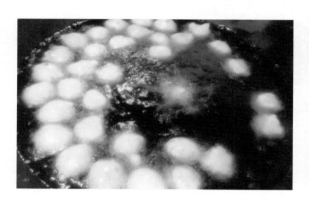

 菜品标准

成品色泽淡黄，富有筋性。

①掌握好鱼茸和盐、姜汁水的比例。
②干淀粉要适量，厚薄适宜，并要搅拌均匀。
③控制好油温，入锅后应在油锅中养熟。

温馨提示

相关链接

　　鱼茸菜肴的历史悠久，可追溯到清朝，袁枚就在其著作《随园食单》里记录了鱼圆的制作。"用白鱼，青鱼活者破半，钉板上，用刀刮下肉，留刺在板上，将肉斩化……"这是有记录最早的鱼茸菜肴的制作。在众多菜肴中，鱼茸菜肴具有操作细致、程序复杂、成品细腻的特性。

　　今天的鱼茸菜肴已经脱离了以往呆板、陈旧的做法，经过各地厨师的不懈努力和改进创新，出现了很多新颖做法，向更营养、更科学的方向发展。

任务五　细沙羊尾

图12-5-1

♣ 原料组成

主料：红豆沙150克，糯米粉50克，鸡蛋3个，生猪板油100克，干淀粉40克。

制作步骤

①制馅。红豆沙搓成10个丸子，生猪板油去除筋膜，斜批成薄片，包裹在红豆沙丸子表面并滚粘上糯米粉，用手捏成羊尾馅。（图12-5-2、图12-5-3）

图12-5-2
图12-5-3

②调糊。取干净的汤碗打入蛋清，用打蛋器顺一个方向打成蛋泡，再加入干淀粉、糯米粉调成蛋泡糊。（图12-5-4、图12-5-5）

图12-5-4
图12-5-5

③炸制。锅烧热，加入色拉油，烧至三成热，羊尾馅裹上蛋泡糊下入油锅，翻炸至外层结壳、呈淡黄色时捞出装盘即可。（图12-5-6、图12-5-7）

图12-5-6
图12-5-7

◆ 菜品标准

成品色泽淡黄，油润香甜。

温馨提示

①鸡蛋要新鲜，蛋泡糊打发起泡后不宜久放。
②加粉量要适当，厚薄适宜，并要搅拌均匀。
③油温适宜，入锅时为温油，出锅时油温要升高些。

▲▲ 相关链接

蛋泡糊

蛋泡糊又称高丽糊、雪衣糊、芙蓉糊等，是烹饪中常用的一种糊。它是将蛋清抽打起泡后，再加入淀粉或面粉调制而成的。由于蛋泡糊在烹饪中用途广泛，几乎可以与任何一种原料搭配成菜，所以又有"万能糊"之称。蛋泡糊色泽洁白，质地细腻，易于成熟，原料经挂蛋泡糊油炸后，有很强的涨发性，能使成菜形状蓬松饱满，质地外酥里嫩，松软可口。蛋泡糊还可以涂抹在原料表面，并绘成各种图案，起到点缀和装饰菜肴的作用。另外，蛋泡糊还具有很强的可染性，能与各种色素融合，调制出五彩缤纷的糊衣。蛋泡糊虽然有许多优点，但是在制作蛋泡糊菜肴时，容易出现诸如蛋清不易起泡、蛋泡不稳定、糊层塌陷、糊层渗水甚至糊衣脱落等现象。

任务六　烂糊鳝丝

图12-6-1

原料组成

主料：熟黄鳝丝750克，火腿肉15克，鸡脯肉15克，浆虾仁15克。

调料：熟猪油50克，麻油3克，糟油15克，生抽5克，老抽5克，白糖5克，绍酒15克，湿淀粉10克，味精3克，奶汤50克，胡椒粉2克，蒜10克，姜10克，葱10克。

制作步骤

①刀工成形。火腿肉蒸熟切成细丝，鸡脯肉切成细丝，葱、姜切成细丝，蒜拍碎切成末。（图12-6-2、图12-6-3）

②烹制。油锅下入熟黄鳝丝翻炒，烹入绍酒、生抽、老抽、奶汤、糟油，加入白糖、味精，翻炒均匀，加盖略烧至入味，用湿淀粉勾芡装入深盘中。（图12-6-4、图12-6-5）

图12-6-2
图12-6-3

图12-6-4
图12-6-5

③点缀。用手勺背在鳝丝中间压一圆坑，四周点缀上滑熟的虾仁、鸡丝、火腿丝、葱丝、姜丝，中间放蒜末，撒上胡椒粉，淋上麻油。（图12-6-6、图12-6-7）

图12-6-6
图12-6-7

图12-6-8

④成菜。锅烧热，将熟猪油烧至八成热，浇在蒜末上即可。（图12-6-8）

💎 菜品标准

成品口味醇厚，重油蒜香，柔软鲜嫩，香味浓郁。

①鲜活黄鳝氽熟后划成鳝丝。

②用熟鳝丝煸炒，火要旺，成菜速度要快。

③蒜末、火腿丝香味浓郁，浇熟猪油后上菜速度要快。

相关链接

相传乾隆皇帝去海宁时途经南浔，忽然想起有人说过，南浔荻港的烂糊鳝丝是一道不可不吃的佳肴，于是命人将船停泊在南浔，吩咐手下速去荻港请名厨制作此菜。乾隆皇帝在船上等待多时，突见一叶轻舟裁开如绸似锦的湖面，徐徐靠拢。一厨师手捧十寸青瓷大盆，盆中鳝丝如黛山环绕，中间一凹潭放着蒜末，熟油尚在沸腾，鳝丝上有虾仁、火腿丝、鸡脯丝、蛋皮丝等佐料点缀，恰似山花烂漫。乾隆皇帝大悦，立即品尝起来。这盆用五油（猪油、菜油、麻油、酱油、糟油），四辣（姜辣、葱辣、青红椒辣、胡椒辣）等精心制作的传统名菜，吃得乾隆皇帝心情大悦，连声称赞！

任务七　慈母千张包

图12-7-1

原料组成

主料：千张200克，糯米250克，火腿末50克，笋干末50克。

调料：盐2克，酱油5克，味精3克，蚝油10克，肉汤50克，绍酒适量。

①包制。糯米浸泡蒸熟。火腿末、笋干末下锅煸炒，烹入绍酒，加入蚝油、酱油、盐、味精调味。将蒸熟的糯米和调好的馅料搅拌均匀，包入千张中用线捆扎好。（图12-7-2）

②煮制。包好的千张包与盐、味精、酱油、蚝油、肉汤一同煮制入味。（图12-7-3）

图12-7-2
图12-7-3

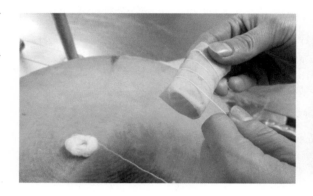

 菜品标准

成品香糯可口，味道鲜美。

温馨提示

①形状均匀饱满，捆扎结实。

②煮制时一定要入味，成品应色泽黄亮。

相关链接

这是一道具有湖州德清特色的地方菜肴。相传唐代诗人孟郊46岁那年第4次上京赶考前，吃了母亲亲手为他做的糯米千张包，后来一举考取功名。后人为了纪念此事，特将此菜命名为"慈母千张包"。

任务八　清蒸野白鱼

图12-8-1

♣ 原料组成

主料：太湖白鱼1条。
配料：熟火腿肉5片，姜片5片。
调料：盐、味精、葱结、绍酒、蒜适量。

◐ 制作步骤

①刀工成形。太湖白鱼剖洗干净，在鱼身两侧剞上牡丹花刀，在刀口处镶入
熟火腿肉片和姜片。（图12-8-2、图12-8-3）

图12-8-2
图12-8-3

②蒸制。取长盘1只，放入处理好的太湖白鱼，加盐、葱结、绍酒、蒜，上蒸笼蒸6分钟取出。把盘里的鱼汤倒在手勺内，加入味精搅匀，均匀地浇在鱼身上即可。

 菜品标准

成品肉质细嫩，鲜咸合一。

①加工成形时刀距要均匀。
②蒸制时要掌握好火候。

温馨提示

🔺🔺 相关链接

太湖白鱼亦称"鲦"，体狭长侧扁，细骨细鳞，银光闪烁，是食肉性经济鱼类。太湖白鱼肉质细嫩，鳞下脂肪多，酷似鲥鱼，是太湖名贵鱼种。太湖白鱼肉质洁白细嫩，味道鲜美，鲜食或腌制食用均可，为大众所喜爱，与银鱼、白虾并称"太湖三白"。太湖白鱼食用时可清蒸、红烧，若制成鱼圆，味道更佳。

项目十三 金华风味

　　金华，古称"婺州"，地处浙江中西部地区，历史悠久，文化深厚，素有"江南邹鲁""文物之邦"之称。金华饮食文化甚至可以追溯至旧石器时代中后期。唐宋时期的婺州饮食业兴盛，民间菜肴丰富，婺菜已初具雏形。地方名菜种类繁多，如金华煎豆腐、白切肉、毛芋丝、山粉肉圆等，颇具口碑。南宋建都临安（现杭州），婺州面食制作技艺不断提升，专业糕点作坊林立，糕饼丰富。明清时期，以农家乡野"土菜"为核心的婺菜成为浙菜的重要组成部分，素以"南料北烹"特色见长。

　　金华菜肴的烹调以烧、蒸、炖、煨、炸为主。食材以火腿为核心，仅火腿菜肴就有300多道，讲究保持火腿独特的色、香、味。名菜、名吃以金华筒骨煲最为著名，此外还有武义醋鸡、金华酥饼、金华汤包、兰溪鸡子馃、义乌东河肉饼、义乌糖饧、磐安拉面、金丝蜜枣等。金华火腿是传统著名特产，以色、香、味、形"四绝"而闻名中外。金华筒骨煲是金华特有的砂锅炖品，汤汁鲜美，口感独特，回味悠长。金华酥饼色泽金黄，香脆可口，是闻名遐迩的传统特产。义乌东河肉饼以油而不腻、色泽光鲜、薄如蝉翼又裹有喷香的肉馅而闻名。

任务一 蜜汁火方

图13-1-1

♣ 原料组成

主料：金华火腿中腰蜂雄片500克。
配料：武义宣平莲子50克。
调料：蜂蜜50克，寿生酒60克，糖桂花3克，清汤90克，冰糖80克，湿淀粉15克。

 制作步骤

图13-1-2

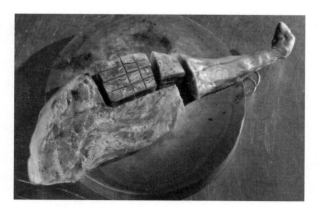

①刀工成形。火腿修成大方块，皮朝下放在砧板上，用刀剞小方块，深度至肥膘一半。（图13-1-2）

②蒸制。火腿块皮朝下放入碗中，加入水（没过火腿块），上笼蒸约2.5小时取出，滗去汤汁。加冰糖、寿生酒、清汤，上笼蒸2小时取出。放入蒸熟的莲子，再上笼蒸30分钟取出，滗去汤汁，合入同一盘中。

③勾芡，浇汁。锅置于旺火上，倒入汤汁，加蜂蜜烧沸，用湿淀粉勾芡，放入糖桂花搅匀，浇在火腿块上，按需点缀即可。

◆ 菜品标准

肉色火红，肉质酥糯，味甜馥香，汤汁稠浓，咸鲜而带重甜。

温馨提示

①用刀剞小方块时，皮不能切断（切成12个小方块）。

②火腿用旺火将皮烧糊，入清水中刮洗干净，再下汤锅中煮开，然后烹制，则皮酥可口。若火腿存放已久，外皮干硬，必须用此法炮制。

🔺 相关链接

金华火腿又称火膧，是金华传统名产之一。金华火腿具有鲜艳的肉色、独特的气味、悦人的风味、俏丽的外形，以色、香、味、形"四绝"而著称于世，清时被列为贡品。

金华火腿用金华"两头乌"猪的后腿精制而成，皮色黄亮，形似竹叶，肉色红润，香气浓郁，营养丰富，鲜美可口。

任务二　金华筒骨煲

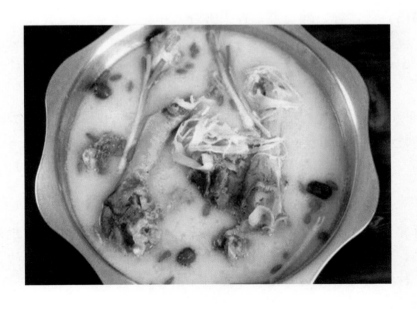

图13-2-1

主料：猪带肉后腿骨750克。

配料：黑木耳100克，千张350克，腊笋150克，枸杞、红枣少许。

调料：盐5克，绍酒15克，姜3克，胡椒粉3克，葱适量。

 制作步骤

图13-2-2

①原料处理。猪带肉后腿骨在水中浸泡一天，去掉血水。（这样处理，煮好的汤色洁白，也没有肉腥味。）（图13-2-1）

②烹制1。洗净的猪带肉后腿骨和葱、姜、绍酒、适量的水放入高压锅，旺火煮开后，用小火煲1小时，至汤浓稠发白。

③烹制2。锅中加入黑木耳、千张、腊笋、枸杞、红枣，烧开放入盐、胡椒粉即可。

◆ 菜品标准

汤色洁白，汤汁香、醇、鲜，骨头酥香入味。

温馨提示

①猪带肉后腿骨放入高压锅，旺火煮开后，小火煲1小时。这是汤浓稠发白的关键。

②如果没有高压锅，煮两三小时，煮至骨头酥烂为止，煮好的汤也是浓稠发白的。

③配料也可采用蔬菜，如萝卜、大白菜、西兰花等。

◆◆ 相关链接

金华筒骨煲创于南宋时期。当时金华有个制作火腿的师傅偶然想到可以用火腿制作汤类，于是他用了23种香料和火腿共同煲出了一种美味异常的汤。后经不断改善，这种汤逐渐演变成了现今的金华筒骨煲。

任务三　武义醋鸡

图13-3-1

原料组成

主料：鸡1只（1200克）。

调料：姜片100克，干红辣椒50克，醋350克，绍酒100克，白糖、盐、鸡精、味精、麻油、蚝油、酱油、老抽、胡椒粉、葱段适量。

制作步骤

①切配熟处理。鸡洗净、切块。锅内放1/3的色拉油，烧至四成热时，倒入鸡块，让鸡块过一下油，炸至金黄色，滤干待用。也可加油直接放鸡块速炒，炒透后出锅待用。（图13-3-2）

②烹制。锅内放少许色拉油，下姜片、干红辣椒速炒，将炸后的鸡块倒入锅中翻炒。加入绍酒、醋、酱酒、味精、鸡精、白糖、盐、蚝油、胡椒粉，翻炒均匀，盖上锅盖焖一会儿。（图13-3-3）

③收汁装盘。待汤汁烧得差不多时（10分钟），可放老抽进行调色，然后继续翻炒至汤汁收干，在出锅前加少许葱段及麻油，最后再加少许醋调味即可出锅。

图13-3-2
图13-3-3

 **菜品标准**

成品酱红透亮，酸甜清新，酸味生津，入味十足。

温馨提示

①制作武义醋鸡要选用当年鸡。区分当年鸡和第二年鸡的方法是看鸡冠和鸡爪。如果鸡冠偏红、偏紫多半是第二年鸡，鸡冠粉红、嫩红的是当年鸡。鸡爪上茧厚的是第二年鸡。

②制作过程中无须加水，以醋代水。

③醋在整个制作过程中可以分两次加。

相关链接

关于醋鸡的来历，民间流传着这样一个故事。有一位员外置办宴席，手忙脚乱的厨师错把一碗白醋当作水来烹煮鸡肉，谁知酸辣脆嫩的口感反而让人食欲大增，一会儿便一扫而光，醋鸡的名字便由此传开了。现如今，醋鸡已经是武义人餐桌上的家常菜肴，也是外地游客来到武义的必点特色菜。

项目十四 台州风味

台州在先秦时地属瓯越。东吴太平二年（257年），古台州始建为临海郡，物产丰富。沈莹所著的《临海水土异物志》载，台州的海产资源有鱼、虾、蟹、海兽等106种，台州的陆产资源有杨梅、阳桃、余甘子等16种，菌类植物香菇是台州的特产。宋代陈耆卿编撰的《嘉定赤城志·鱼之属》以海产品为主，反映出海产品的加工烹调技艺已日臻完善，特别是温岭松门的淡鲞已闻名于世。晚清到民国时期，台州出现鱼翅菜肴、海参菜肴、香菇新式菜肴及各种私营菜馆、小吃店等。

台州菜肴内涵厚实，在漫长的岁月中逐步形成了它独特的个性和风味。台州由于地理环境多样，物产资源不同，民俗风情、饮食习惯也有较大差异，因而有"千里不同风，百里不同味"之说，具有"一方水土一方菜"的特点。台州菜由海鲜菜、沿海平原风味菜和山区风味菜三类组成。

一是海鲜菜。台州厨师善于烹制各种海鲜菜肴，海鲜现烹，因料施技，极尽其味。选料讲究原料鲜活，以当地海产品为主；口味上追求清鲜、纯正，保持和突出原料本身的鲜味；烹调以水为传热介质的煮、蒸等法为主；菜式主料突出，以保持主料的原状为主，自然大方。二是沿海平原风味菜。选料讲究四季时鲜、精细柔嫩、当地特产，以河鲜、禽畜、地产蔬菜为主，兼有山珍、野味；口味上追求清鲜、爽嫩、纯正、原味；烹调以烧、煮、蒸、炒等法为主；菜式自然大方，优雅得体，不拘定式。三是山区风味菜。台州山区民风淳朴，秉承节俭美德，有食咸肉、干货食物的习惯，对菜肴讲究经济实惠，重口味，轻形状、色彩。菜肴朴实无华，富有乡土气息和地方特色；口味上注重鲜咸、原味、入味；烹调以炒、蒸、煮、炖等法为主；菜式主料突出，自然翔实，较为粗犷。

近十年来，台州逐步形成了选料上讲究材质、以本地特产为主，口味上注重清鲜平和、纯正清爽，追求本味、以鲜为主、五味并蓄，烹调上擅长红烧、清蒸、水煮等，形态上主料突出、自然粗犷、不拘定式的地方海派特色和地方土特产特色。

图14-1-1

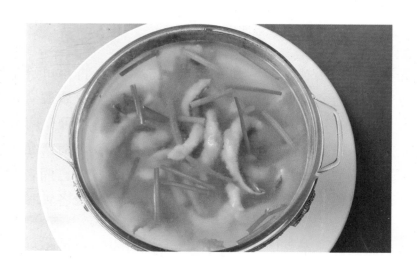

♣ 原料组成

主料：新鲜海鳗1条（1000克）。

配料：咸菜梗100克，芹菜50克。

调料：盐3克，味精5克，粗红薯粉（山粉）100克，绍酒40克，醋10克，鲜汤500克，姜片或姜汁水少许，葱结20克，葱白适量。

⬡ 制作步骤

①刀工成形。将海鳗宰杀洗净，批出鳗肉，切成条。咸菜梗和芹菜切成段。（图14-1-2）

②腌渍。将鳗肉条用盐、味精、绍酒、姜片、葱结腌渍5分钟，加入粗红薯粉、姜末拌匀。（图14-1-3、图14-1-4）

图14-1-2
图14-1-3

③初步熟处理。锅洗净放入清水煮沸，将鳗肉条一条条下锅煮熟捞出，用冷水冲凉待用。

④烹制。锅置于旺火上烧热，放入色拉油，下葱白、姜煸香，下咸菜梗略炒，下鲜汤、鳗肉条，撇去浮沫，加入芹菜煮沸调味即可。（图14-1-5）

图14-1-4
图14-1-5

 菜品标准

汤菜融合，味清鲜，略带酸味。

温馨提示

①海鳗要新鲜，腌渍时咸淡要吃准。

②粗红薯粉放入鳗肉条中后要拌匀，使其均匀地包裹原料。

③汤与主料的比例要恰当。

相关链接

石塘居民饮食风俗为闽南风味与当地习俗的结合体。基本特点为主食特别，配食特有，海产品烹调别致，加工方法自成特色。海产品烹调以肉为料，外蘸粗红薯粉烧成羹，如鳗鱼羹、鲳鱼羹、蛏羹，味道特别鲜美。

图14-2-1

♣ 原料组成

主料：鲜活蝤蛑2只（1000克）。
配料：猪网油50克，水发香菇25克，京冬菜5克。
调料：绍酒10克，盐5克，味精2克。

◐ 制作步骤

①刀工成形。蝤蛑用竹帚洗净，先斩去大钳，切去足尖，挖去脐，再用刀横剖成二片，去鳃然后切成块。（图14-2-2）

②蒸制。大钳用刀拍裂，铺在盘底，把蝤蛑块排放在上面成塔形，再把蝤蛑壳盖在蛑肉上面（蛑黄朝上），加绍酒、盐、味精、京冬菜、香菇，并将猪网油罩在上面，上笼用旺火蒸约15分钟取出装盘即可。（图14-2-3～图14-2-5）

图14-2-2
图14-2-3

图14-2-4
图14-2-5

◆ 菜品标准

蝤蛑黄油润柔糯，蝤蛑肉洁白鲜嫩，色红光亮、鲜艳。

蝤蛑切好后，要摆回原样，以京冬菜、香菇衬托色彩。

温馨提示

▲▲ 相关链接

蝤蛑是温州地区对青蟹的习惯称呼。它栖息于温暖而盐度较低的浅海，体呈椭圆形，青绿色，头胸甲短而宽，肉质细嫩腴美，是蟹类上品。

图14-3-1

原料组成

主料：黄鱼1条（1500克）。

调料：青蒜30克，葱段5克，姜片15克，干红辣椒5克，酱油20克，绍酒15克，白糖5克，味精3克，奶汤100克，猪油100克，盐适量。

制作步骤

图14-3-2

①刀工成形。黄鱼洗净，鱼身上剞上一字形花刀。（图14-3-2）

②烹制。锅置于旺火上，放入猪油，烧至六成热时，下干红辣椒、姜片、黄鱼略煎，烹入绍酒略炒片刻，放盐、酱油、青蒜、葱段、白糖，加入奶汤、沸水，加盖用旺火烧透，加味精调味，取出鱼装盘，锅中汤汁加明油推匀，浇于鱼身上即可。（图14-3-3、图14-3-4）

图14-3-3
图14-3-4

 菜品标准

汤浓色黄，鲜咸适口，黄鱼肉质鲜嫩，味透肌里，香浓味醇。

温馨提示

①烧制黄鱼时，须用旺火，要烧透，烧入味。
②加入沸水烹制黄鱼，以鱼烧熟后汤汁自然稠浓为度。

相关链接

"新河鲻鱼石粘蛇，长屿黄鱼豆子芽"，温岭"四大名菜"素来为温岭的美食家津津乐道，其中的长屿黄鱼为头牌，到长屿硐天游览的人，不少是冲着长屿黄鱼来的，其美味的诱惑力可见一斑。吃黄鱼时，配手制年糕，是温岭的传统吃法。

图14-4-1

🍀 原料组成

主料：海蜇头200克。

配料：莴笋100克，金针菇50克，葱10克，姜5克，红灯笼椒5克。

调料：盐3克，味精2克，白糖2克，绍酒5克，老抽15克，胡椒粉2克，酱油5克。

📀 制作步骤

①原料加工。将海蜇头浸泡在水中去掉咸味，再洗干净，挤干水分。莴笋去皮，金针菇去根洗净。（图14-4-2、图14-4-3）

图14-4-2
图14-4-3

②刀工成形。将洗净的海蜇头批成薄片备用，再把莴笋切丝，葱、姜、红灯笼椒都切成丝。（图14-4-4～图14-4-6）

图14-4-4
图14-4-5

③初步熟处理。锅置于中火上，加水烧开，倒入海蜇头快速略烫，再把莴笋丝和金针菇烫制成熟备用。（图14-4-7）

图14-4-6
图14-4-7

④烹制。取一个鲍翅盘，依次放入金针菇、莴笋丝、海蜇头。锅置于火上，加入水、绍酒、老抽、酱油、白糖、盐和味精调成味汁，淋入盘中。再将葱丝、姜丝、红灯笼椒丝放在海蜇上面，撒上胡椒粉。锅中加色拉油烧至八九成热时，用手勺将热油淋浇在盘中即可。（图14-4-8、图14-4-9）

图14-4-8
图14-4-9

 菜品标准

成品色泽黄亮，入口脆嫩，咸中带甜，葱香浓郁。

①陈年海蜇质地嫩脆，当年海蜇皮老质韧。

②海蜇头用沸水烫制时，水温不宜过高，水温越高海蜇头收缩越大、排水越多而质地变老韧。

温馨提示

相关链接

海蜇含有人体需要的多种营养成分，尤其是碘。

任务五　炸烹跳鱼

图14-5-1

原料组成

主料：跳鱼400克。

配料：土豆松100克，绿灯笼椒粒10克，红灯笼椒粒10克。

调料：盐3克，味精2克，绍酒5克，干淀粉100克，酱油15克，白糖15克，醋10克，葱10克，姜10克。

制作步骤

①腌渍。跳鱼冲洗干净，用适量盐、绍酒、葱、姜拌匀，腌渍10分钟。（图14-5-2）

②炸制。油锅置于中火上，加热到五成热，将腌好的跳鱼拍上干淀粉，炸至

图14-5-2

结壳即可。再把油锅加热到六七成热，把炸了一遍的跳鱼倒入，复炸至酥脆，控油捞出。（图14-5-3、图14-5-4）

③烹制。锅置于火上，加入水、绍酒、白糖、酱油、醋、少量盐和味精调味汁，把炸好的跳鱼倒入锅中，以旺火快速翻炒收稠卤汁，最后撒上红、绿灯笼椒粒，装在垫有土豆松的盘中即可。

图14-5-3
图14-5-4

 菜品标准

成品外香里脆，肉质鲜嫩，略带甜酸味。

温馨提示

①拍粉要均匀，现炸现拍，防止粉层过厚，影响菜肴质感。

②炸制要分两次，油温要高，防止掉粉脱糊。

③调兑味汁量要准，所用味汁为有色清汁，以体现炸烹菜肴清爽酥脆的特点。

④回锅成菜要用旺火快速翻炒收汁。

🌢🌢 **相关链接**

跳鱼学名弹涂鱼，肉质鲜美细嫩，爽滑可口，含有丰富的蛋白质和脂肪。冬令时节的跳鱼肉肥腥轻，故又有"冬天跳鱼赛河鳗"的说法。跳鱼烹调方法多样，可清炖、红烧、油炸、氽汤。

图14-6-1

♣ 原料组成

主料：马鲛鱼1条（750克）。

配料：小青菜（或菠菜）100克，胡萝卜片少许。

调料：盐3克，味精2克，绍酒5克，鸡蛋1个，葱白段5克，姜片5克。

◊ 制作步骤

①刀工成形。马鲛鱼洗净，刮出鱼肉，然后将鱼肉剁成茸。（图14-6-2、图14-6-3）

图14-6-2
图14-6-3

②制茸。将鱼茸放入汤碗中，加味精、盐、绍酒、鸡蛋、水搅拌上劲。（图14-6-4）

③炸制。锅置于中火上，加色拉油烧至四成热时，挤鱼圆下锅，炸至鱼圆半个浮起，捞起沥油。（图14-6-5、图14-6-6）

图14-6-4
图14-6-5

④烹制。锅置于火上，加色拉油烧热，放入葱白段和姜片，煸出香味后捞出，再倒入鱼圆，加水、盐、味精调味，最后放入小青菜（或菠菜）煮熟，盛出点缀胡萝卜片即可。（图14-6-7）

图14-6-6
图14-6-7

 菜品标准

成品色泽淡黄，鲜香可口。

①鱼茸要尽量剁细，并搅打上劲。
②盐的比例要把握准确，在炸制时要掌握好油温。

温馨提示

相关链接

马鲛鱼肉多刺少，肉嫩味美，民间有"山上鹧鸪獐，海里马鲛鱼"的赞誉。马鲛鱼食用方法多样，既可鲜食，也可腌制食用。若用鱼肉煲粥或煎煮为汤，则色味清美，鲜滑可口。尤其是马鲛鱼加工成茸泥制作鱼圆汤，那真是圆香、汤鲜、味美，是四季皆宜、老少皆宜、食客同赞的美食。此菜的鱼圆也可以炸好后带蘸料直接蘸食。

任务七　铁板焗蛏

图14-7-1

♣ 原料组成

主料：蛏子400克。

配料：葱花5克，蛋黄1个。

调料：海鲜酱20克，白糖5克，味精2克，盐3克，绍酒8克，麻油适量。

◉ 制作步骤

①原料加工。蛏子放入淡盐水中浸泡后，再清洗干净。

②初步熟处理。洗净的蛏子放入沸水锅中焯至开壳后，捞出去掉一边的壳，然后放入绍酒、盐、味精腌渍5分钟。（图14-7-2、图14-7-3）

③烹制。铁板（裹上锡纸）放在小火上烧热，放入少量色拉油，中间放入蛋黄，再把蛏子整齐地摆放在铁板上，浇上用海鲜酱、盐、味精、绍酒、白糖调制的味汁，烧至汤汁收干，淋上一点麻油，撒上葱花即可。（图14-7-4、图14-7-5）

图14-7-2
图14-7-3

图14-7-4
图14-7-5

 菜品标准

蛏子鲜嫩可口，香味浓郁。

①铁板垫上锡纸加热后，加入少量色拉油。

②蛏子不要太多，铺满铁板即可。

③浇汁还可以变换成葱油，或者其他口味的。

④因为蛏子经焯水后已经成熟，所以后面直接放在铁板上即可。

温馨提示

相关链接

　　蛏子食法多样。刚捕上来的蛏子，洗净后，放养于淡盐水中，待蛏子吐尽腹中的泥沙，用薄刀片轻轻剖开蛏子两壳的连接处，倒入沸水中，稍微停留，加入葱末，即可捞起食用。

图14-8-1

♣ 原料组成

主料：海葵500克。

配料：冬瓜200克，猪筒骨100克，胡萝卜片少许。

调料：葱结10克，绍酒10克，盐3克，白糖4克，姜片5克，葱花5克。

◈ 制作步骤

①原料加工。用挖球器将冬瓜肉挖成球形，将搓洗好的海葵用沸水冲泡去除表面的黏液。（图14-8-2、图14-8-3）

图14-8-2
图14-8-3

②初步熟处理。高压锅中放入海葵、猪筒骨、绍酒、葱结、姜片、适量水，置于旺火上煮5分钟。（图14-8-4）

③烹制。取砂锅一个置于旺火上，放入冬瓜球和煮过的海葵及原汤汁，煨炖7分钟后加入盐、白糖，撒上葱花，点缀胡萝卜片即可。（图14-8-5）

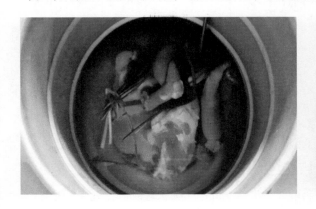

图14-8-4
图14-8-5

 菜品标准

汤清味鲜，荤素搭配。

温馨提示

①清洗海葵时要用盐抓搓。

②煮制海葵时，要注意加热的时间，否则营养流失且影响口感。

③海葵本身味道鲜美，无需添加过多调料，味精也可省略，否则原味尽失。

相关链接

　　海葵可以炒食，可以红烧，还可以做汤，又鲜又脆。海葵的烹饪不需要复杂的调料，如果调料太过复杂，海葵本身的鲜味要么被遮掩，要么被改变。

项目十五　丽水风味

丽水古称处州，始名于隋开皇九年（589年），迄今已有1400多年的历史。

丽水菜肴有着鲜明的地方特色和民族特色，烹调讲究鲜嫩软滑，意在不变原味，有蒸、烤、炖、泡、炒、煨等多种方法。处州白莲、庆元香菇、龙泉笋干、云和黑木耳、景宁惠明茶、云和雪梨、丽水碰柑、遂昌薯脯、缙云黄花菜等物产更是驰名海内外。丽水在秀山丽水的文化熏陶下，形成了浙西南山区特有的饮食民俗、饮食文化。

---------------------- 任务一　山珍果炒肉片 ----------------------

图15-1-1

🍀 原料组成

主料：水发山珍果200克。

配料：猪里脊肉50克，红、绿灯笼椒50克。

调料：酱油3克，白糖3克，绍酒10克，盐3克，麻油3克，鸡精1克，葱5克，姜3克，干淀粉10克。

制作步骤

①原料加工。猪里脊肉切成长4厘米、宽2.5厘米、厚0.3厘米的长片，加入干淀粉、盐、绍酒一起调味拌匀。红、绿灯笼椒切成菱形片。

②滑油。锅内下入色拉油，在旺火上烧至三成热时，放入水发山珍果和红、绿灯笼椒片滑油，然后出锅待用。

③炒制。原锅留底油，爆香葱、姜，放入里脊片煸炒断生，投入滑油的水发山珍果和红、绿灯笼椒片，加酱油、白糖、盐、鸡精调味翻炒，勾芡，淋麻油出锅装盘。

菜品标准

成品色泽搭配和谐，香滑鲜美。

温馨提示

①山珍果泡发要透，不能有硬芯。
②猪里脊肉刀工处理要大小均匀。
③勾芡要得当，不能澥油澥汁。

相关链接

山珍果采用苦槠树的果实精制而成。景宁畲族人每年在秋冬季节，常常上山采摘苦槠果，将果去壳，放入沸水中浸泡4~5小时，用石磨磨成浆，用纱布过滤，去其渣，加以沉淀；准备好蒸笼，将沉淀后的苦槠果浆倒入蒸笼，加盖，用旺火蒸至熟为止。山珍果为深褐色，风味独特，味美可口，含有大量的铁、钙及人体所需的多种氨基酸。为了便于保存，可将山珍果切成3~4厘米见方的薄片，晒成干，放入坛瓮，以备长年食用。

任务二　紫苏高山田螺

图15-2-1

原料组成

主料：山田螺500克。

配料：鲜紫苏30克，芥蓝50克。

调料：山茶油30克，老姜15克，绍酒15克，酱油10克，蒜15克，干红辣椒15克，盐6克，鸡精6克。

制作步骤

①原料加工。山田螺洗净，剪去尾部待用。

②烧制。锅烧热放入山茶油，投入老姜、蒜、干红辣椒煸香，放入山田螺一起炒制，烹入绍酒，放入其他调料，加水、芥蓝、鲜紫苏，烧制6分钟成熟即可。

菜品标准

汤鲜味美，风味独特。

温馨提示

①山田螺需先静养 2 天吐尽泥沙，去除土腥味。

②山田螺烧制时间不能过长，肉壳脱离即可。

相关链接

　　山田螺，形似花瓶，壳薄色亮，肉质鲜美，营养丰富，是人们喜食的佳肴，其外壳还是优质的矿物质饲料。

任务三　绿叶豆腐

图15-3-1

原料组成

　　主料：绿叶豆腐250克。

　　配料：虾皮15克，猪肉末10克，雪菜10克。

　　调料：盐5克，鸡精3克，麻油3克，绍酒10克，葱末、姜末各3克，湿淀粉5克。

制作步骤

①刀工成形。绿叶豆腐切成宽3~4厘米、厚1厘米的块，雪菜切末。

②烧制。锅烧热加入适量色拉油，放入葱末、姜末爆香，加入猪肉末、虾皮、雪菜末炒出香味，烹入绍酒，加入绿叶豆腐、适量水，用盐、鸡精调味，小火烧制入味成熟，勾薄芡，淋入麻油，出锅装盘即可。

◆ 菜品标准

豆腐碧绿，鲜咸合一。

温馨提示

①绿叶豆腐要选择新鲜制作的。

②绿叶豆腐含水量较高，烧制时加水要略少。

▲▲ 相关链接

绿叶豆腐又名柴豆腐。将豆腐柴嫩叶摘下洗净，用手使劲揉搓，将叶片内的汁液搓出，成浓稠状；将液体倒入纱布中过滤，使滤液渐渐融入清水中，再不断在纱布上加适量的稻草或毛柴灰制作的碱水；静置数分钟后，滤液便凝结成青绿色的冻状物质；将冻状物质铺在干燥、吸水的地面上放一个晚上，再用刀切成方块即成绿叶豆腐。绿叶豆腐可用白糖或酱油调拌凉吃，亦可加调料煮熟吃，鲜嫩而带有清香，口感极好。

任务四　车前草泥鳅

图15-4-1

原料组成

主料：鲜活泥鳅500克。

配料：车前草20克。

调料：盐6克，鸡精5克，绍酒10克，老姜10克，胡椒粉3克。

制作步骤

①原料加工。鲜活泥鳅和冷水一起下锅煮，盖上锅盖，直到锅中泥鳅没有动静时将泥鳅捞出。

②炖制。锅烧热滑锅，至油五成热时放入老姜煸香，加入沸水，放入泥鳅、绍酒、盐、鸡精，炖制入味，出锅前放入车前草、胡椒粉再炖2分钟即可。

菜品标准

泥鳅肉质爽滑，口味鲜咸。

①泥鳅需提前静养1天去除土腥味。

②泥鳅炖制时间不能过长，要保持酥烂而不失其形。

🔺🔺 相关链接

泥鳅味道鲜美，营养丰富，蛋白质含量较高而脂肪含量较低，有"天上的斑鸠，地下的泥鳅"和"水中人参"之美誉。

任务五　稀卤螟蛹

图15-5-1

♧ 原料组成

主料：水发螟蛹150克。

配料：猪肉末50克，冬笋25克，虾仁干15克，荸荠50克，水发香菇25克，鸡蛋1个。

调料：酱油5克，白糖3克，绍酒10克，盐5克，葱5克，姜3克，熟猪油50克，胡椒粉3克，香菜15克，高汤1000克。

◯ 制作步骤

①刀工成形。虾仁干用绍酒浸软去除腥味，水发螟蛹采用斜刀法切成斜刀片，冬笋、荸荠、水发香菇、虾仁干切末，香菜切成段，葱、姜切末。

②焯水。水发螟蜅片焯水去除碱味。

③烩制。锅烧热放入少许色拉油将各种切成细末的调配料下锅炒香，加入高汤，放入盐、酱油、白糖、绍酒调味，烧开撇去浮沫，加湿淀粉勾芡，慢慢淋入蛋液用手勺推成细丝，再放入水发螟蜅片，淋上熟猪油装盘，撒上胡椒粉、香菜即可。

 菜品标准

汤汁稠浓，滋味醇厚，入口爽滑。

温馨提示

①干螟蜅去螟蜅骨需提前半天浸软。

②螟蜅和虾仁干本身具有一定咸味，调味时要注意口味。

③勾芡要得当，汤汁浓稠。

相关链接

螟蜅为墨鱼的干制品，以舟山螟蜅最佳。舟山螟蜅体呈棕红色透明状，外生白霜，干燥而有清香。

任务六　豆腐娘

图15-6-1

原料组成

主料：青豆泥250克。
配料：猪肉末50克，猪油渣25克。
调料：熟猪油30克，绍酒10克，盐3克，鸡精2克。

制作步骤

烧制。锅烧热加入熟猪油，放入猪肉末炒香，烹入绍酒，倒入青豆泥烧制7分钟，用盐、鸡精调味，出锅装盘撒上猪油渣即可。

菜品标准

成品色泽碧绿，清香爽口。

温馨提示

①磨制青豆泥时必须采用石磨进行磨制，这样粗细刚好。
②掌握烧制时间，青豆泥应烧熟，避免食物中毒。

相关链接

畲族有"大分散、小集会"的特点。一般是几户或几十户聚集成村，也有畲汉杂屋、互相通婚的。嫁到汉人家的畲家女勤劳善良、吃苦耐劳，汉人称畲家女为"畲家婆"。畲家人做菜比较粗糙，大多以大锅烧成，所以畲族烧制的豆腐菜肴被称为"豆腐娘"。"婆"即"娘"，这是这道菜起源的一种说法。另一种说法是，豆腐娘是指没有制作成形的豆腐，人们将这时的豆泥称为"豆腐娘"。此菜在景宁、青田较为多见。

任务七　山城豆腐丸

图15-7-1

原料组成

主料：卤水豆腐500克。

配料：猪瘦肉50克，黑木耳20克，滑子菇20克。

调料：绍酒10克，盐5克，鸡精3克，葱5克，姜3克，高汤1000克。

制作步骤

①原料加工。猪瘦肉剁末，姜切末。卤水豆腐压去水分，搅成细泥，加盐、鸡精，用手朝一个方向搅拌上劲，再加入肉末和姜末搅拌均匀。

②成形。豆腐泥用小碗滚成乒乓球大小的丸子。

③炖制。锅置于旺火上，下入高汤，用盐调味，把做好的豆腐丸、黑木耳、滑子菇放入锅中炖制20分钟即可。

菜品标准

成品滑嫩爽口，汤鲜味美。

温馨提示

①豆腐必须选择卤水豆腐，豆腐压去水分以便成形。

②注意豆腐成形的大小，一般以乒乓球大小为宜。

相关链接

　　豆腐有南豆腐和北豆腐之分，主要区别在于点石膏（或点卤）的多少。南豆腐用石膏较少，因而质地细嫩，水分含量在90%左右；北豆腐用石膏较多，质地较南豆腐老，水分含量在85%~88%。山城豆腐丸是丽水农家除夕夜少不了的一道美食，寓祝全家人来年美满幸福、团团圆圆，是民间传统特色小吃。

项目十六　舟山风味

　　舟山被誉为"千岛之城"，由1390个岛屿组成，群岛之中，以舟山岛最大，其形如舟楫，故名舟山。舟山群岛位于长江口南侧，杭州湾外缘的东海洋面上，舟山渔场以盛产大黄鱼、小黄鱼、带鱼、墨鱼、三疣梭子蟹及其他经济鱼类闻名，是世界四大渔场之一，素有"东海鱼仓"和"中国鱼都"之美誉。舟山海鲜菜肴历史悠久，风味独特。它注重原料本味的保持，常用鲜咸合一的配菜方法，尤其擅长红烧、焖、煮、烩、烤等多种烹调技艺，色、香、味俱佳，具有独树一帜的原汁原味海岛饮食风味。舟山海鲜菜肴以舟山海鲜为主料，融入吴越一带及各地菜系特点，使舟山海鲜更具兼容并蓄的特点。

　　舟山群岛拥有历史悠久的饮食文化，舟山乡土菜肴不仅散发浓郁海味，而且用料简单、制作方便，原汁原味、鲜嫩清香，营养丰富、健康养生，为海内外美食家所推崇。近年来，随着进一步弘扬"港、景、渔"的地方特色，舟山乡土菜肴在保持传统风味的基础上，博采众长，在烹调技艺上既继承渔村传统加工技艺，又讲究刀工、色泽，粗菜细作，土菜精做，"色、香、味、形"并美。代表菜例有舟山黄鱼鲞烤肉、渔都鲞拼、抱盐鲵鱼、舟山风带鱼、红膏呛蟹、香糟鲳鱼、舟山鳗干汤、嵊泗螺浆、大烤墨鱼、倒笃梭子蟹、椒盐虎头鱼、白泉鹅拼等。

图16-1-1

原料组成

主料：蛤蜊200克。
配料：鸡蛋若干。
调料：盐10克，葱花适量。

制作步骤

①初步熟处理。蛤蜊静养使其吐尽泥沙，洗干净后放入沸水锅中汆至壳微开。
②蒸制。鸡蛋打散加入温水和盐，搅打均匀，放入深盘内加蛤蜊一起入蒸笼蒸熟，撒上葱花即可。

菜品标准

成品口味鲜咸、滑嫩。

温馨提示

蛤蜊要养干净，蒸蛋时间要控制好。

相关链接

蛤蜊生活在浅海底，有花蛤、文蛤、西施舌等诸多品种，肉质鲜美，被称为"天下第一鲜"，更有"百味之冠"的美誉。蛤蜊高蛋白、低脂肪，还富含铁、钙、磷、碘、维生素、氨基酸和牛磺酸等。由于产量大，物美价廉，蛤蜊是沿海一带居民餐桌上的常见食材。

蛤蜊可用来煮汤，也可用葱、姜、豆豉爆炒。舟山人一般喜欢蛤蜊炖蛋，鸡蛋羹嫩滑，配上蛤蜊的鲜美，整道菜清淡味美，营养丰富，易于消化。

任务二　大烤墨鱼

图16-2-1

原料组成

主料：墨鱼1只（500克）。

调料：酱油75克，老抽10克，绍酒10克，味精3克，白糖25克，葱10克，姜10克，干茴香3克。

制作步骤

①初步熟处理。洗好的墨鱼焯水待用。

②烧制。锅内底油加热，用葱、姜炝锅，放入墨鱼，加500克水，再加白糖、酱油、老抽、绍酒、干茴香，用大火烧开，中火烧透入味收汁。

③装盘。加味精，淋明油，取出后改刀，再按墨鱼原形装盘。

◆ 菜品标准

成品色泽红润，口感脆嫩。

 温馨提示

注意烧制火候和墨鱼色泽。

▲▲ 相关链接

墨鱼蛋白质含量丰富，且肉质鲜美。

墨鱼种类有好几种，但以曼氏无针乌贼味道最佳，用它做成的大烤墨鱼口感筋道有弹性，色泽艳丽，内壁不粘连，鲜嫩清香。

任务三 鲵鱼骨酱

图16-3-1

原料组成

主料：新鲜鮸鱼1条（500克）。

配料：洋葱80克。

调料：盐6克，葱6克，姜20克，酱油10克，湿淀粉35克，味精5克，绍酒、白糖适量，麻油少许。

制作步骤

①刀工成形。新鲜鮸鱼斩下头、尾，沿鮸鱼的中段入刀，剔下两侧的鱼肉，取出骨头，斩成大丁状。洋葱切除根部，剥去外皮，洗净切成中丁状。姜洗净去皮切末，葱洗净切葱花。

②烹制。锅烧热，用冷油滑锅，然后放入底油，放洋葱丁煸炒至八成熟时，加姜末、鮸鱼骨丁，随即炒匀。加绍酒、酱油、白糖，添加300克水，用旺火烧开，然后转为中火烧15分钟，见鮸鱼骨丁熟至酥烂，加适量盐、味精，用湿淀粉勾厚芡，撒上葱花，淋明油，滴上麻油即可。

菜品标准

成品色泽淡红、油亮，鱼骨酱味醇鲜、软烂。

温馨提示

芡包汁，油紧裹。

相关链接

因鮸鱼捕捞季节也恰在稻谷收割时节，老舟山人有"宁可忘割廿亩稻，不可忘吃鮸鱼脑"之说。在舟山还有句民谚，叫作"秋季八月吃鮸鱼"。鮸鱼全身都是宝，鮸鱼肉可腌制，鮸鱼头、脑及骨头可做鮸鱼骨酱，味道特别鲜美。舟山渔谚中有"黄鱼吃八卦，鳓鱼吃尾巴，鲳鱼吃下巴，带鱼吃肚皮，鮸鱼吃脑髓"的说法。

任务四　蟹粉鱼脯羹

图16-4-1

原料组成

主料：海鳗1500克。

配料：梭子蟹500克，熟火腿肉5克，芹菜20克。

调料：盐10克，姜片50克，葱50克，湿淀粉30克，清汤（高汤）1000克。

制作步骤

①原料加工。海鳗清洗干净，去骨去皮，取净鳗鱼肉300克，放入用姜片、葱泡制的水中浸泡20分钟去腥。然后将鳗鱼肉用刀背剁成鱼茸，加100克水、5克盐，朝一个方向使劲搅拌成鱼茸待用。梭子蟹蒸熟去蟹壳，用竹签剔出蟹肉。芹菜、熟火腿肉切末。

②烹制。锅中放1500克水，烧热至90℃以后关火，把鱼茸放入漏勺，用勺不停搅动使其滴入锅中，凝结成鱼脯后捞出。锅内放入1000克清汤（高汤），烧开后放入剔出的蟹肉和鱼脯，放入盐，去浮沫，加湿淀粉勾芡，撒上芹菜末、火腿末，出锅前淋明油即可。

菜品标准

蟹粉鱼脯雪白晶亮，鲜香滑嫩。

把握好盐、水及鱼茸的比例，芡汁不宜过厚。

温馨提示

🔺 相关链接

　　蟹粉鱼脯羹，就如舟山有名的诸多海鲜羹——醋熘鲨鱼羹、白菜带鱼羹一样，其原料中包含了鱼和蟹，均是上等的鲜货。蟹粉即舟山三疣梭子蟹拆肉，佐以配料烹煮而成。鱼脯即舟山海鳗脯。舟山海鳗体肥肉厚，是东海海鲜的代表。海鳗肉打浆时需控制好咸淡，这样，它与蟹肉混合成的脯入口时才会让人感觉爽、溜、滑。

任务五　雪汁螺拼

图16-5-1

🍀 原料组成

　　主料：辣螺400克，香螺450克，八角螺500克，海瓜子400克，芝麻螺350克。

　　调料：姜100克，葱20克，雪菜卤400克，绍酒10克，味精5克，盐适量。

制作步骤

①原料加工。选用鲜活辣螺、香螺、芝麻螺（用刀尖把螺后尖部戳个小孔）、海瓜子、八角螺，用海水静养6小时以上，待吐尽泥沙待用。姜洗净切末，葱切葱花。

②煮制。水上锅烧开，先放八角螺煮8分钟后捞起；把香螺、辣螺、芝麻螺依次用冷水下锅，待水烧开后分别煮3分钟、2分钟和1分钟捞起；海瓜子用冷水下锅，待外壳开后捞起。几种食材分别用盛皿装好。

③调味汁。锅中放400克水，待煮沸后依次放入姜末、绍酒、雪菜卤、味精、盐调味，最后放入葱花，浇入盛皿中即可。

◆ 菜品标准

肉质新鲜，汤汁鲜咸。

温馨提示

煮制时间应按不同的品种分别控制，以免影响质感。

▲▲ 相关链接

舟山岛屿众多，岛礁生物资源丰富，拥有独特的螺类资源，营养价值高。螺肉的丰腴细腻、味道鲜美，让它拥有了"盘中明珠"的美誉。采用拥有独特香味的咸菜为主要调料烹制螺类，是舟山菜肴的一大特色。雪汁螺拼这道菜用各种各样的舟山螺类（贝类）资源，采用这种烹调方法，烹制出的螺肉（贝肉）鲜嫩、口感清爽。